全国技工院校计算机类专业（中／高级技能层级）

Illustrator 平面设计与制作（第二版）

实训题集

主　编　李　飞
副主编　陈茜影　王　雪
主　审　庞书华

中国劳动社会保障出版社

简介

本书是全国技工院校计算机类专业教材（中 / 高级技能层级）《Illustrator 平面设计与制作（第二版）》的配套实训题集。

全书按照教材的项目、任务顺序编排，根据教材讲授的知识与技能设置实训任务，具有较强的可操作性和拓展性，可帮助学生进一步巩固所学知识，锻炼实际操作技能。

完成本书中实训任务所需的相关素材均可通过技工教育网（http://jg.class.com.cn）下载使用。

本书由李飞担任主编，陈茜影、王雪担任副主编，张琛琛、李鑫、李欣、王晨、贾浩然、张子怡、郭如南、王曦参与编写，庞书华担任主审。

图书在版编目（CIP）数据

Illustrator 平面设计与制作（第二版）实训题集 / 李飞主编. -- 北京：中国劳动社会保障出版社，2023

全国技工院校计算机类专业. 中 / 高级技能层级

ISBN 978-7-5167-6162-5

Ⅰ. ①I… Ⅱ. ①李… Ⅲ. ①平面设计 - 图形软件 - 技工学校 - 习题集 Ⅳ. ①TP391.412

中国国家版本馆 CIP 数据核字（2023）第 217751 号

中国劳动社会保障出版社出版发行

（北京市惠新东街 1 号　邮政编码：100029）

*

北京宏伟双华印刷有限公司印刷装订　　新华书店经销

787 毫米 ×1092 毫米　16 开本　9.25 印张　178 千字

2023 年 12 月第 1 版　　2023 年 12 月第 1 次印刷

定价：23.00 元

营销中心电话：400-606-6496

出版社网址：http://www.class.com.cn

http://jg.class.com.cn

目　录

CONTENTS

项目一
图形设计

实训任务 1　制作企业标识

一、实训情境

某广告公司的设计师接受了一项设计任务：制作中国工商银行标识。该任务要求设计师在 45 min 内应用 Illustrator 2021 软件进行平面设计与制作，得到如图 1-1-1 所示的最终效果图。

图 1-1-1　中国工商银行标识效果图

二、实训分析

要完成本实训任务，应按照图 1-1-2 所示的思维导图复习教材中的知识点。

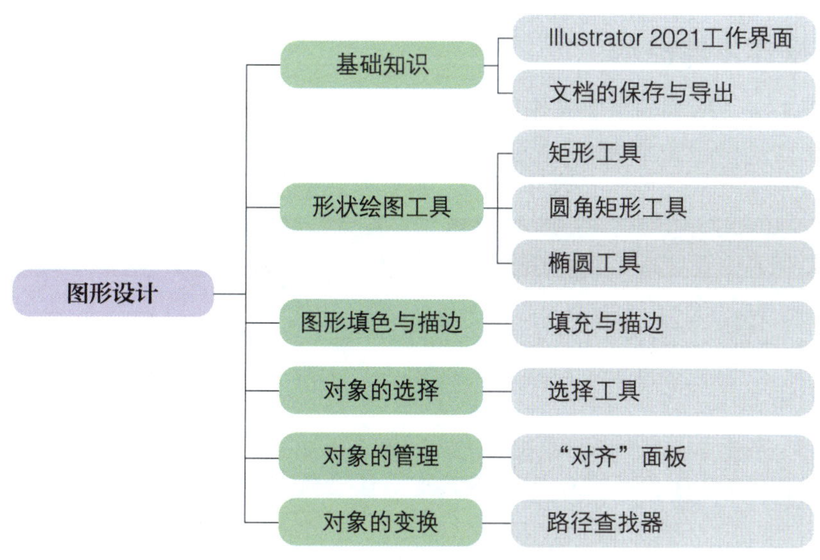

图 1-1-2　教材内容复习思维导图

在完成任务的过程中，应注意掌握椭圆工具、矩形工具绘制图形的方法与技巧以及“对齐”面板、“路径查找器”面板修改图形的方法与技巧。

三、实训计划制订

根据任务分析，制订完成本任务的实训计划，见表 1–1–1。

表 1–1–1　实训计划

序号	工作内容	所需时间

四、操作步骤提示

参照表 1–1–2 所列的主要操作步骤和操作要点，完成中国工商银行标识的制作。

表 1–1–2　操作步骤提示

操作步骤	操作要点
绘制、复制矩形	绘制一个宽度为 70 mm、高度为 30 mm 的矩形，再绘制一个宽度为 50 mm、高度为 10 mm 的矩形，将两个矩形重叠在一起。 打开“移动”对话框，设置垂直移动距离为 40 mm，复制并向下移动对象。通过“路径查找器”面板中的“联集”按钮，将两个矩形合并

续表

操作步骤	操作要点
填充颜色	在两组图形中间绘制一个宽度为 30 mm、高度为 20 mm 的矩形。合并对象，并填充颜色 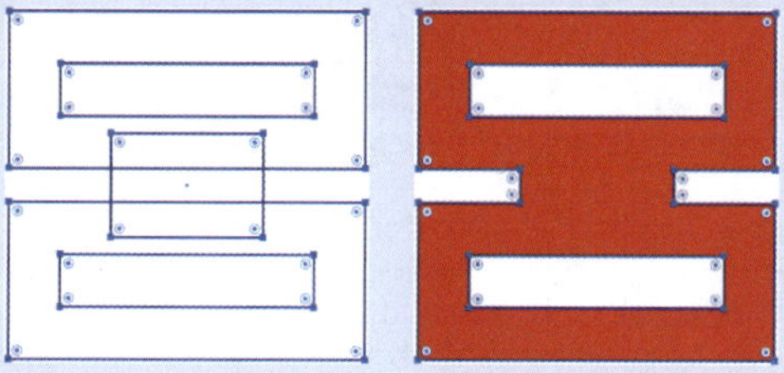
修剪对象	在图形中心位置绘制一个宽度为 10 mm、高度为 40 mm 的矩形。通过“路径查找器”面板中的“修剪”按钮，修剪对象。 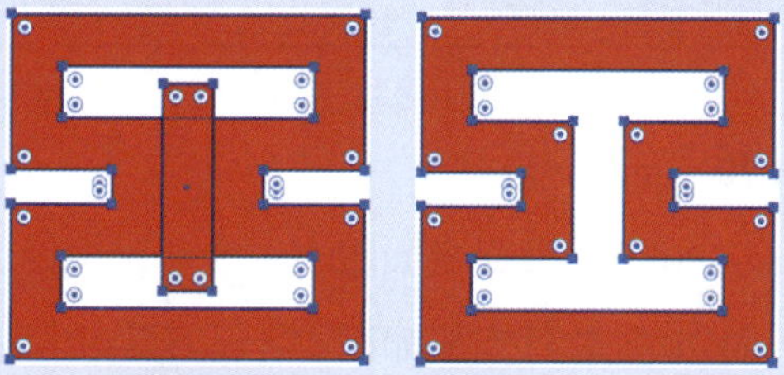 在图形中心位置绘制一个宽度为 5 mm、高度为 80 mm 的矩形。通过“路径查找器”面板中的“修剪”按钮，再次修剪对象 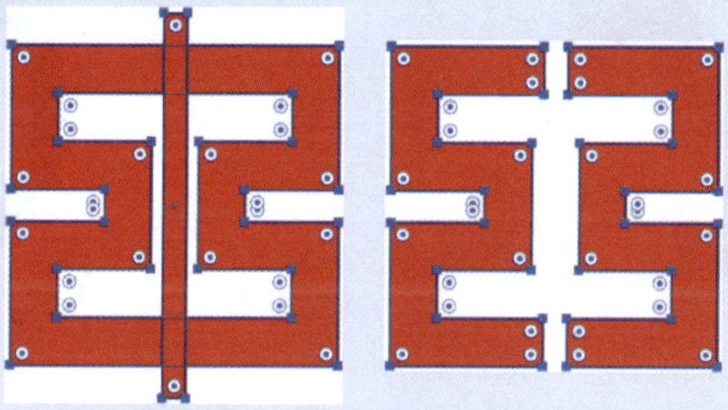
绘制圆环	使用椭圆工具绘制一个宽度和高度均为 120 mm 的圆形，等比例缩小并复制圆形，得到圆环 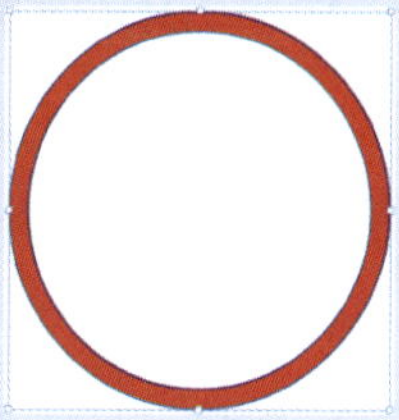
组合图形	将前面绘制的图形放置到圆环中央，完成制作

五、实训评价

任务完成后，学生展示作品并分享完成任务过程中的心得体会。展示结束后，从工具使用、软件操作、作品效果、成果展示等方面对该实训任务进行评价，可采用学生自评、学生互评、教师评价相结合的多元评价方式，见表 1-1-3。

表 1-1-3　实训评价

序号	评价要求	学生自评（占比 30%）	学生互评（占比 30%）	教师评价（占比 40%）
1	对实训任务的分析准确到位（20 分）			
2	软件运用熟练、操作得当（20 分）			
3	能熟练使用椭圆工具、矩形工具（30 分）			
4	最终效果图的版式及构图合理（20 分）			
5	展示及作品解说效果（10 分）			
综合得分				

六、实训拓展

1. 使用 Illustrator 2021 软件完成如图 1-1-3 所示中国人民银行标识的制作。

2. 使用 Illustrator 2021 软件完成如图 1-1-4 所示中国农业银行标识的制作。

图 1-1-3　中国人民银行标识

图 1-1-4　中国农业银行标识

七、知识巩固与提高

1. 选择矩形工具后在页面中直接拖动鼠标可绘制出矩形，按住“（　　）”键的同时拖动鼠标可绘制出正方形。

A. Ctrl　　B. Shift　　C. Alt　　D. Ctrl+Shift

2. 按住“（　　）”键的同时拖动鼠标可绘制出以鼠标指针为中心点向四周延伸的矩形。按住“（　　）”键拖动鼠标，可绘制出以鼠标指针为中心点的正方形。

A. Ctrl　　B. Shift　　C. Alt　　D. Alt+Shift

3. 文档制作完成后，执行“文件”→“存储”命令或按“（　　）”组合键，可以保存文件。

A. Ctrl+C　　B. Ctrl+D　　C. Ctrl+S　　D. Ctrl+Q

4. 选择对象后拖动鼠标可移动对象，按住“(　　)”键的同时拖动鼠标可复制对象。

A. Ctrl　　B. Alt+Shift　　C. Alt　　D. Ctrl+Shift

5. 在窗口中选择“文件”→“新建”命令或按“(　　)”组合键，可打开“新建文档”对话框。

A. Ctrl+C　　B. Ctrl+D　　C. Ctrl+S　　D. Ctrl+N

实训任务 2　制作员工胸卡

一、实训情境

某广告公司的设计师接受了一项设计任务：制作某企业员工胸卡。该任务要求设计师在 45 min 内应用 Illustrator 2021 软件进行平面设计与制作，得到如图 1-2-1 所示的最终效果图。

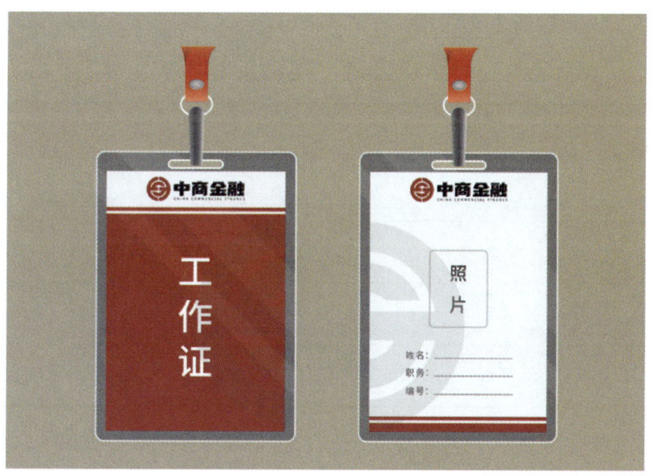

图 1-2-1　员工胸卡效果图

二、实训分析

要完成本实训任务，应按照图 1-2-2 所示的思维导图复习教材中的知识点。

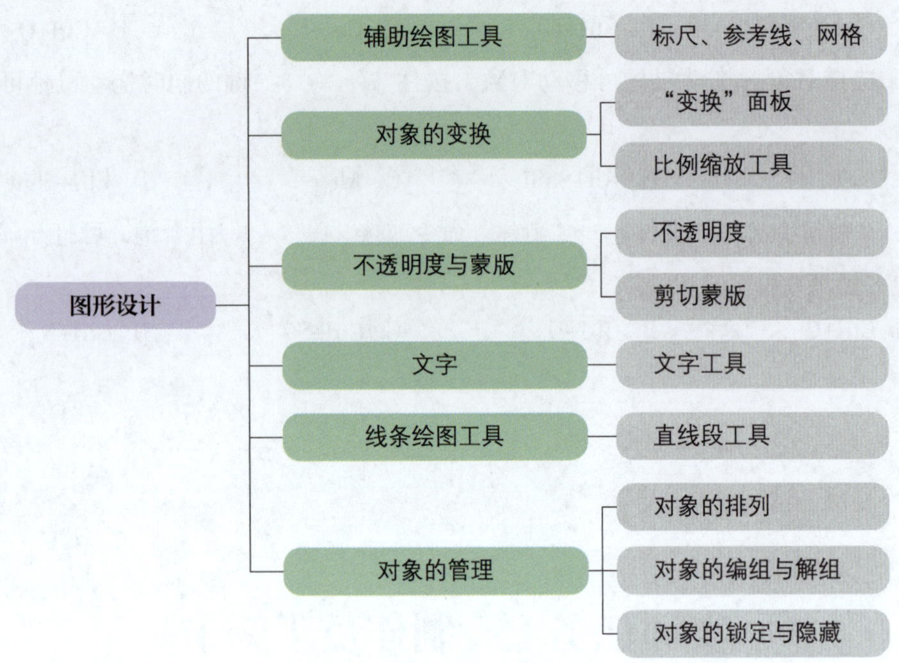

图 1-2-2　教材内容复习思维导图

在完成任务的过程中，应注意掌握矩形工具、直线段工具绘制图形的方法与技巧以及剪切蒙版编辑图形的方法与技巧。

三、实训计划制订

根据任务分析，制订完成本任务的实训计划，见表 1-2-1。

表 1-2-1　实训计划

序号	工作内容	所需时间

续表

序号	工作内容	所需时间

四、操作步骤提示

参照表 1-2-2 所列的主要操作步骤和操作要点完成员工胸卡的制作。

表 1-2-2　操作步骤提示

操作步骤	操作要点
绘制背景	创建 A4 大小的横向页面，绘制与页面相同大小的灰黄色矩形，执行“对象”→“锁定”→“所选对象”命令，锁定背景
绘制矩形	绘制一个高度为 68 mm、宽度为 48 mm 的圆角矩形，圆角半径设置为 2 mm，填充为黑色，不透明度为 70%。原位复制圆角矩形，取消填充色，描边粗细为 1 pt，描边色为白色
	绘制高度为 61 mm、宽度为 43 mm 的白色矩形，再绘制高度为 51 mm、宽度为 43 mm 和高度为 0.85 mm、宽度为 43 mm 的红色矩形
添加标识	打开素材“中商金融 .ai”文件，缩放至合适比例，放置在胸卡上。 复制“中商金融”标识，删除文字部分，只保留标识图形部分。调整位置和大小，执行“建立剪切蒙版”命令，设置不透明度为 15%
输入文字	使用直排文字工具输入文字“工作证”，设置字体为“思源黑体”，字体样式为“Medium”，字体大小为 24 pt，填充为白色

续表

操作步骤	操作要点
绘制插孔、添加吊环	绘制一个高度为 1.8 mm、宽度为 12 mm 的圆角矩形，无填充色，描边粗细为 1 pt，描边色为白色。 打开素材“吊环 .ai”文件，缩放至合适比例，放置在胸卡上
绘制高光	绘制高度为 90 mm、宽度为 12 mm 和高度为 90 mm、宽度为 6 mm 的矩形，旋转 45°，执行“建立剪切蒙版”命令，设置不透明度为 10%
绘制背面	选中所有对象，按住“Alt+Shift”键向右平移复制，删除不需要的图形部分。在底端绘制高度为 2 mm、宽度为 43 mm 和高度为 0.85 mm、宽度为 43 mm 的红色矩形。再次复制“中商金融”标识，并执行“建立剪切蒙版”命令，设置不透明度为 15%。 绘制高度为 18 mm、宽度为 14 mm 的白色圆角矩形，圆角半径设置为 1 mm。再绘制三条长度为 19 mm 的直线段，使用文字工具分别输入文字“照片”“姓名:”“职务:”“编号:”，完成制作

五、实训评价

任务完成后，学生展示作品并分享完成任务过程中的心得体会。展示结束后，从工具使用、软件操作、作品效果、成果展示等方面对该实训任务进行评价，可采用学生自评、学生互评、教师评价相结合的多元评价方式，见表 1–2–3。

表 1–2–3　实训评价

序号	评价要求	学生自评（占比 30%）	学生互评（占比 30%）	教师评价（占比 40%）
1	对实训任务的分析准确到位（20 分）			
2	软件运用熟练、操作得当（20 分）			
3	能熟练使用直线段工具及剪切蒙版功能（30 分）			

续表

序号	评价要求	学生自评（占比 30%）	学生互评（占比 30%）	教师评价（占比 40%）
4	最终效果图的版式及构图合理（20 分）			
5	展示及作品解说效果（10 分）			
综合得分				

六、实训拓展

1. 使用 Illustrator 2021 软件为中国人民银行某员工设计制作一张名片，名片尺寸自定，文案内容自拟。

2. 使用 Illustrator 2021 软件为中国农业银行员工设计制作一张胸卡，胸卡尺寸自定，文案内容自拟。

七、知识巩固与提高

1. 要应用标尺和参考线，可执行“视图”→“标尺”→“显示标尺”命令或按“(　　)”组合键以显示标尺。

A. Ctrl+R　　B. Ctrl+B　　C. Ctrl+C　　D. Ctrl+D

2. 选择要编组的对象，执行“对象”→“编组”命令或按“(　　)”组合键，也可以单击鼠标右键，在弹出的快捷菜单中执行“编组”命令，即可将选择的对象编组。

A. Ctrl+A　　B. Ctrl+G　　C. Ctrl+C　　D. Ctrl+D

3. 直线段工具用来绘制直线段。按住“(　　)”键，可以绘制水平、垂直或者倾斜 45° 的直线段。按住“(　　)”键，则直线会以起点为中心向两侧延伸。

A. Ctrl　　B. Shift　　C. Alt　　D. Ctrl+Q

4. Illustrator 2021 中排列对象的常用方法是选择对象后，执行“(　　)”→“排列”菜单中的相应命令；或者单击鼠标右键，从快捷菜单中选择排列中的相应命令。

A. 编辑　　B. 文件　　C. 对象　　D. 视图

5. 复制对象后，若按“(　　)”组合键，可在所选对象的前面粘贴对象；若按“(　　)”组合键，可在所选对象的后面粘贴对象。

A. Ctrl+B　　B. Ctrl+C　　C. Ctrl+D　　D. Ctrl+F

实训任务 3　制作企业定制 U 盘

一、实训情境

某广告公司的设计师接受了一项设计任务：制作某企业定制 U 盘。该任务要求设计师在 45 min 内应用 Illustrator 2021 软件进行平面设计与制作，得到如图 1-3-1 所示的最终效果图。

图 1-3-1　企业定制 U 盘效果图

二、实训分析

要完成本实训任务，应按照图 1-3-2 所示的思维导图复习教材中的知识点。

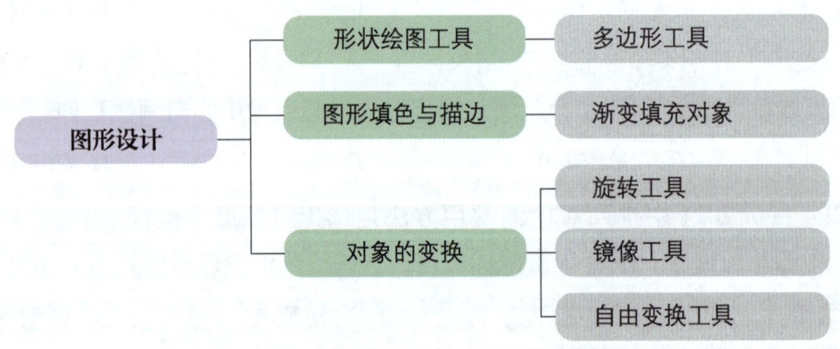

图 1-3-2　教材内容复习思维导图

在完成任务的过程中，应注意掌握自由变换工具、渐变工具的使用方法与技巧。

三、实训计划制订

根据任务分析，制订完成本任务的实训计划，见表 1-3-1。

表 1-3-1　实训计划

序号	工作内容	所需时间

四、操作步骤提示

参照表 1-3-2 所列的主要操作步骤和操作要点，完成企业定制 U 盘的制作。

表 1-3-2　操作步骤提示

操作步骤	操作要点
绘制 U 盘壳	绘制一个高度为 95 mm、宽度为 30 mm 的红色矩形。 选中矩形并向右侧复制一个矩形，将宽度改为 7 mm，填充为浅红色。选中复制的矩形，单击“自由变换工具”，单击“透视扭曲”按钮，向下拖动右侧锚点，改变矩形的形状
	选中改变透视角度的矩形，向左侧再复制一个同样的矩形，填充为深红色。单击控制栏上的“水平镜像”按钮，对齐三个矩形并群组对象

续表

操作步骤	操作要点
添加素材	打开素材“标识 .ai”文件，缩放至合适比例，放在U盘上。 打开素材“插画 .ai”文件，复制粘贴到U盘上。原位复制图形并置于顶层，执行“建立剪切蒙版”命令 
绘制U盘插口	绘制宽度为 24 mm、高度为 22 mm 的矩形，填充为不透明度为 70% 的灰色到不透明度为 40% 的灰色的线性渐变。 在矩形两侧分别绘制长度为 22 mm 的直线段，填充为不透明度为 70% 的灰色，描边粗细为 1 pt 
	绘制两个矩形，填充为不透明度为 40% 的灰色到不透明度为 70% 的灰色的线性渐变。 在两个矩形上方分别绘制长度为 7 mm 的直线描边，描边色为不透明度为 70% 的灰色，描边粗细为 1 pt。在矩形下方和右侧分别绘制 7 mm 和 4 mm 的白色描边，描边粗细为 1 pt 
绘制U盘盖	绘制高度为 35 mm、宽度为 30 mm 的红色矩形，复制一个矩形在右侧，将宽度改为 7 mm，选中复制的矩形，单击“自由变换工具”，单击“自由变换”按钮，选中最右侧路径向下拖动，填充为深红色。选中右侧矩形，向左再复制一个，单击控制栏上的“水平镜像”按钮，对齐三个矩形，左侧矩形颜色填充为浅红色 
	选中U盘盖并复制，打开“路径查找器”面板，单击“联集”按钮，将对象合并为一个对象。打开“变换”面板，设置旋转角度为 180°，填充为深红色、红色、深红色、红色再到深红色的线性渐变，调整图层顺序，使其置于U盘盖图层后面。使用移动工具，单击刚绘制的渐变图形进行挤压，完成制作 

五、实训评价

任务完成后，学生展示作品并分享完成任务过程中的心得体会。展示结束后，从工具使用、软件操作、作品效果、成果展示等方面对该实训任务进行评价，可采用学生自评、学生互评、教师评价相结合的多元评价方式，见表 1-3-3。

表 1-3-3　实训评价

序号	评价要求	学生自评（占比 30%）	学生互评（占比 30%）	教师评价（占比 40%）
1	对实训任务的分析准确到位（20 分）			
2	软件运用熟练、操作得当（20 分）			
3	能熟练使用自由变换工具、渐变填充工具（30 分）			
4	最终效果图的版式及构图合理（20 分）			
5	展示及作品解说效果（10 分）			
综合得分				

六、实训拓展

1. 使用 Illustrator 2021 软件完成如图 1-3-3 所示的中商金融笔记本的制作。

图 1-3-3　中商金融笔记本

2. 参考图 1-3-3 所示的中商金融笔记本，使用 Illustrator 2021 软件为中国农业银行设计制作笔记本封面。

七、知识巩固与提高

1. 执行“(　　)”→“智能参考线”命令，打开智能参考线，使用选择工具选择对象并拖动，可使对象贴齐到其他对象上。

A. 编辑　　B. 文件　　C. 对象　　D. 视图

2. 执行“对象”→“变换”命令组中的命令时，如果在对话框中选择了“复制”

按钮，按“(　　)”组合键可再次变换对象。

A. Ctrl+B　　B. Ctrl+C　　C. Ctrl+D　　D. Ctrl+F

3. 双击工具箱中的“渐变工具”，或者执行“(　　)”→“渐变”命令，可打开“渐变”面板。

A. 编辑　　B. 选择　　C. 对象　　D. 窗口

4. 选择多边形工具后，在页面中直接拖动鼠标可绘制出多边形，按住“(　　)”键的同时拖动鼠标可绘制出正多边形。

A. Ctrl　　B. Shift　　C. Alt　　D. Ctrl+Q

5. (　　) 可以直接对对象进行缩放、旋转、倾斜、扭曲等操作。

A. 旋转工具　　B. 自由变换工具

C. 镜像工具　　D. 比例缩放工具

项目二
版式设计

实训任务 1　制作游园会街旗

一、实训情境

某广告公司的设计师接受了一项设计任务：制作游园会街旗效果图。该任务要求设计师在 45 min 内应用 Illustrator 2021 软件进行平面设计与制作，得到如图 2-1-1 所示的最终效果图。

图 2-1-1　游园会街旗效果图

二、实训分析

要完成本实训任务，应按照图 2-1-2 所示的思维导图复习教材中的知识点。

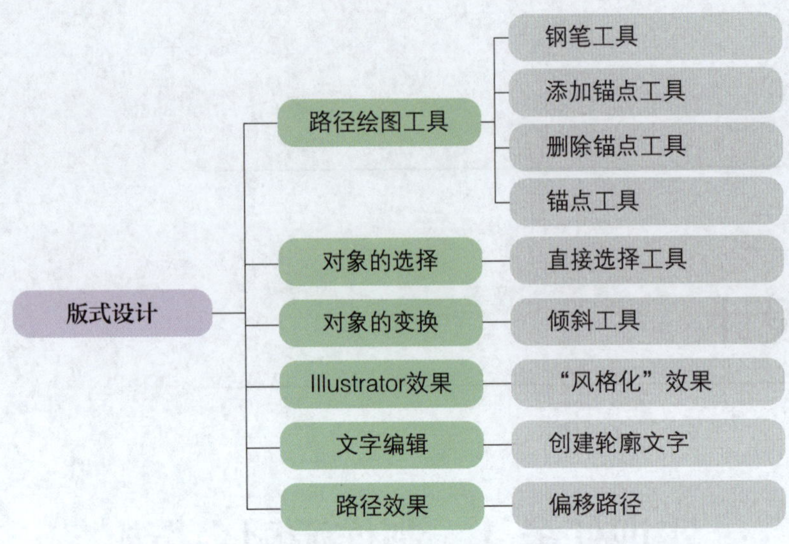

图 2-1-2 教材内容复习思维导图

在完成任务的过程中，应注意掌握钢笔工具、直接选择工具的使用方法与技巧以及“风格化”效果修饰图形的方法与技巧。

三、实训计划制订

根据任务分析，制订完成本任务的实训计划，见表 2-1-1。

表 2-1-1 实训计划

序号	工作内容	所需时间

四、操作步骤提示

参照表 2-1-2 所列的主要操作步骤和操作要点，完成游园会街旗的制作。

表 2-1-2 操作步骤提示

操作步骤	操作要点
绘制背景	创建 A4 大小的纵向页面，使用矩形工具在页面中绘制高度为 150 mm、宽度为 50 mm 的白色矩形，并为矩形添加投影效果，锁定图形
绘制叶片	使用钢笔工具绘制不同形状的叶片，分别填充为浅蓝色（C70，M0，Y40，K0）、浅绿色（C45，M10，Y95，K0）、深绿色（C85，M45，Y95，K5）。 使用钢笔工具继续绘制叶脉，分别填充为深绿色（C55，M30，Y100，K0）和深蓝色（C75，M25，Y50，K0）
	使用椭圆工具绘制椭圆，使用直接选择工具选中上方锚点调整为尖角叶片效果，填充为浅绿色（C45，M10，Y95，K0）。 复制尖角叶片，调整大小，放入街旗中，分别填充为浅绿色（C45，M10，Y95，K0）、深绿色（C85，M45，Y95，K5）和橙色（C10，M65，Y95，K0）
添加文字	打开素材“春日游园会（纵向）.ai”文件，取消编组后，分别填充为浅绿色（C45，M10，Y95，K0）、深绿色（C85，M45，Y95，K5）、橙色（C10，M65，Y95，K0），复制到街旗中

续表

操作步骤	操作要点
绘制花朵	使用钢笔工具绘制花瓣，使用直接选择工具修改花瓣形状，分别填充为粉色（C0，M45，Y50，K0）和黄色（C95，M85，Y90，K80）
	使用旋转工具旋转复制花瓣。 使用椭圆工具在花朵中心位置绘制白色圆形，群组对象
	调整花朵的大小，将其放置在“会”字适当的位置
建立剪切蒙版	在街旗上方绘制一个相同大小的矩形，选中所有对象，执行“建立剪切蒙版”命令，完成制作

五、实训评价

任务完成后，学生展示作品并分享完成任务过程中的心得体会。展示结束后，从工具使用、软件操作、作品效果、成果展示等方面对该实训任务进行评价，可采用学生自评、学生互评、教师评价相结合的多元评价方式，见表 2–1–3。

表 2–1–3 实训评价

序号	评价要求	学生自评（占比 30%）	学生互评（占比 30%）	教师评价（占比 40%）
1	对实训任务的分析准确到位（20 分）			
2	软件运用熟练、操作得当（20 分）			
3	能熟练使用钢笔工具、直接选择工具（30 分）			
4	最终效果图的版式及构图合理（20 分）			
5	展示及作品解说效果（10 分）			
	综合得分			

六、实训拓展

1. 请以“盛大开业 钜惠全城”为主标题，使用 Illustrator 2021 软件为某超市设计制作吊旗，吊旗尺寸和外形自定，可以增加自己绘制的其他图形元素和文案。

2. 请以“守护青山绿水 打造宜居乡村”为主标题，使用 Illustrator 2021 软件为某市举办的旅游产业发展大会设计制作一面街旗，街旗尺寸自定，可以增加自己绘制的其他图形元素和文案。

七、知识巩固与提高

1. 使用钢笔工具绘制直线，按住“(　　)”键的同时单击创建新的锚点，可绘制出水平、垂直或以 45° 角为增量的直线。

A. Ctrl　　B. Shift　　C. Alt　　D. Ctrl+Shift

2. (　　) 用于将平滑点和角点进行相互转换。

A. 钢笔工具　　B. 添加锚点工具

C. 锚点工具　　D. 删除锚点工具

3. 选择路径后，执行“(　　)”→“路径”→“偏移路径”命令，在打开的“偏移路径”对话框中设置相关参数，可调整所偏移路径的状态。

A. 编辑　　B. 文件　　C. 对象　　D. 视图

4. 执行“(　　)”→“风格化”命令，在弹出的子菜单中选择相应的命令即可为对象添加特效。

A. 编辑　　B. 文件　　C. 对象　　D. 效果

5. 使用 (　　) 效果可以柔化对象的边缘，使其产生从内部到边缘逐渐透明的效果。

A. 圆角　　B. 投影　　C. 涂抹　　D. 羽化

实训任务 2　制作游园会宣传单

一、实训情境

某广告公司的设计师接受了一项设计任务：制作游园会宣传单。该任务要求设计师在 45 min 内应用 Illustrator 2021 软件进行平面设计与制作，得到如图 2-2-1 所示的最终效果图。

图 2-2-1　游园会宣传单效果图

二、实训分析

要完成本实训任务，应按照图 2-2-2 所示的思维导图复习教材中的知识点。

图 2-2-2　教材内容复习思维导图

在完成任务的过程中，应注意掌握曲率工具、吸管工具的使用方法与技巧以及“模糊”效果为对象添加柔化的方法与技巧。

三、实训计划制订

根据任务分析，制订完成本任务的实训计划，见表 2-2-1。

表 2-2-1　实训计划

序号	工作内容	所需时间

四、操作步骤提示

参照表 2-2-2 所列的主要操作步骤和操作要点，完成游园会宣传单的制作。

表 2-2-2　操作步骤提示

操作步骤	操作要点
绘制背景	创建 A4 大小的纵向页面，使用曲率工具在页面中绘制波形图形，填充为深绿色（C90，M60，Y100，K35）
绘制枝叶	使用钢笔工具绘制两组叶子，使用渐变工具填充为浅绿色（C45，M10，Y95，K0）到深绿色（C90，M60，Y100，K35）的线性渐变

续表

<table>
<tr><th>操作步骤</th><th>操作要点</th></tr>
<tr><td rowspan="4">绘制枝叶</td><td>使用钢笔工具绘制叶子和叶脉，叶子填充为绿色（C85，M35，Y90，K0）到深绿色（C85，M45，Y95，K5）的线性渐变，叶脉填充为深绿色（C90，M55，Y100，K20）
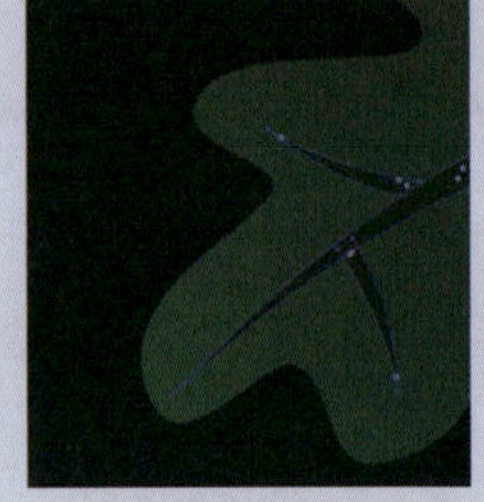</td></tr>
<tr><td>使用钢笔工具绘制枝干和叶子，执行“窗口”→“路径查找器”→“联集”命令，填充为浅绿色（C45，M10，Y95，K0）到深绿色（C90，M60，Y100，K35）的线性渐变。
复制多个枝叶，放置到宣传单合适位置
</td></tr>
<tr><td>使用钢笔工具绘制叶片和叶脉，叶片填充为浅绿色（C45，M10，Y95，K0）到深绿色（C90，M60，Y100，K35）的线性渐变，叶脉填充为浅绿色（C45，M10，Y95，K0）到深绿色（C90，M60，Y100，K35）的线性渐变
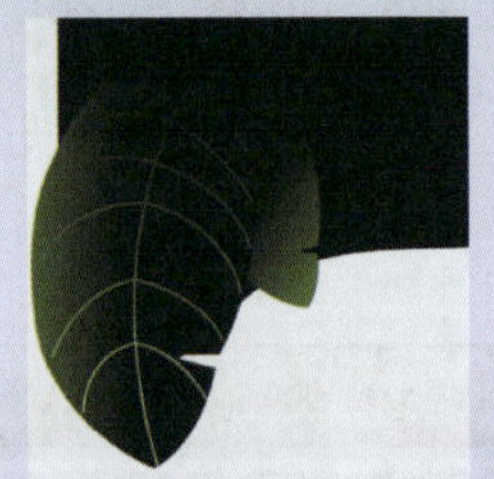</td></tr>
<tr><td>使用钢笔工具再绘制一条枝叶，填充为蓝色（C70，M0，Y40，K0）到深绿色（C90，M60，Y100，K35）的线性渐变，复制波形图形置于顶层，选中全部叶子和波形图形执行“建立剪切蒙版”命令。
使用吸管工具吸取蓝色枝叶的颜色，填充上方两个枝叶，增加画面色彩的层次
 </td></tr>
</table>

续表

操作步骤	操作要点
添加文案	打开实训任务 1 制作的"游园会街旗 .ai"文件，将标题文字复制到宣传单中，取消编组后，调整文字位置为横向
输入文字	使用钢笔工具绘制山丘图形，填充为深绿色（C85，M45，Y95，K5）。 使用文字工具输入辅助文案，使用矩形工具绘制浅绿色（C45，M10，Y95，K0）的矩形，使用直接选择工具调整为圆角矩形，在圆角矩形中输入其他辅助文案
绘制星形	使用星形工具绘制装饰，分别填充为浅绿色（C45，M10，Y95，K0）、橙色（C10，M65，Y95，K0）、黄色（C4，M24，Y90，K0）。 选中黄色和浅绿色星星，执行"高斯模糊"命令，完成制作

五、实训评价

任务完成后，学生展示作品并分享完成任务过程中的心得体会。展示结束后，从工具使用、软件操作、作品效果、成果展示等方面对该实训任务进行评价，可采用学生自评、学生互评、教师评价相结合的多元评价方式，见表 2-2-3。

表 2-2-3　实训评价

序号	评价要求	学生自评（占比 30%）	学生互评（占比 30%）	教师评价（占比 40%）
1	对实训任务的分析准确到位（20 分）			
2	软件运用熟练、操作得当（20 分）			
3	能熟练使用吸管工具及"模糊"效果（30 分）			
4	最终效果图的版式及构图合理（20 分）			
5	展示及作品解说效果（10 分）			
综合得分				

六、实训拓展

1. 请以“盛大开业 钜惠全城”为主标题，使用 Illustrator 2021 软件为某超市设计制作宣传单，宣传单尺寸为 A4，方向为纵向，可以增加自己绘制的其他图形元素和文案。

2. 请以“守护青山绿水 打造宜居乡村”为主标题，使用 Illustrator 2021 软件为某市举办的旅游产业发展大会设计制作一个宣传单，宣传单尺寸为 A4，方向为纵向，可以增加自己绘制的其他图形元素和文案。

七、知识巩固与提高

1. 使用曲率工具绘制曲线的过程中，在要添加锚点的位置按住“(　　)”键单击即可绘制角点。

A. Ctrl　　B. Shift　　C. Alt　　D. Ctrl+Shift

2. (　　) 用于吸取对象的颜色和属性，并快速应用于其他对象上。

A. 渐变工具　　B. 锚点工具　　C. 吸管工具　　D. 钢笔工具

3. 执行“(　　)”→“模糊”命令，在弹出的子菜单中可以选择“径向模糊”“特殊模糊”“高斯模糊”三种效果。

A. 编辑　　B. 文件　　C. 对象　　D. 效果

4. 使用 (　　) 效果可以均匀柔和地将画面进行模糊，使画面看起来具有朦胧感，是比较常用的模糊效果。

A. 径向模糊　　B. 高斯模糊　　C. 特殊模糊　　D. 吸管工具

5. 在使用吸管工具吸取矢量图形的颜色时，默认会吸取填充色及描边色，如果只需吸取填充色，可以按住“(　　)”键并单击即可只吸取填充色。

A. Ctrl　　B. Shift　　C. Alt　　D. Ctrl+Shift

实训任务 3　制作游园会入场券

一、实训情境

某广告公司的设计师接受了一项设计任务：制作游园会入场券。该任务要求设计师在 45 min 内应用 Illustrator 2021 软件进行平面设计与制作，得到如图 2-3-1 所示的最终效果图。

图 2-3-1　游园会入场券效果图

二、实训分析

要完成本实训任务，应按照图 2-3-2 所示的思维导图复习教材中的知识点。

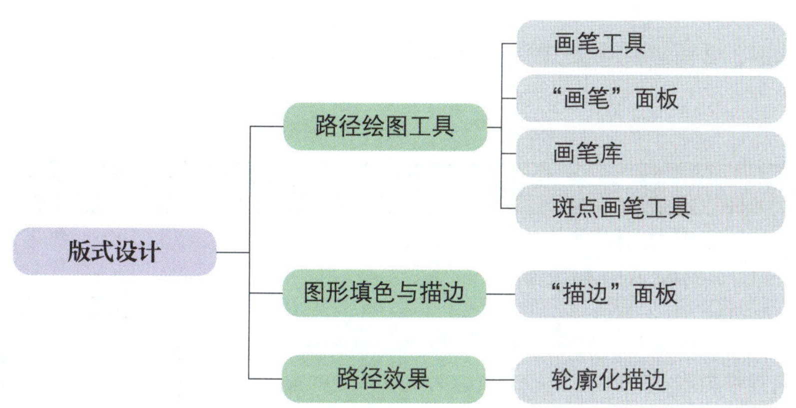

图 2-3-2　教材内容复习思维导图

在完成任务的过程中，应注意掌握画笔工具、画笔库菜单的使用方法与技巧。

三、实训计划制订

根据任务分析，制订完成本任务的实训计划，见表 2-3-1。

表 2-3-1　实训计划

序号	工作内容	所需时间

续表

序号	工作内容	所需时间

四、操作步骤提示

参照表 2-3-2 所列的主要操作步骤和操作要点，完成游园会入场券的制作。

表 2-3-2 操作步骤提示

操作步骤	操作要点
绘制背景色	创建 A4 大小的横向页面，填充为青色（C85，M45，Y52，K0）到深青色（C88，M51，Y60，K5）的线性渐变，锁定背景
	使用矩形工具绘制宽度为 120 mm、高度为 53 mm 的白色矩形和高度为 36 mm、宽度为 53 mm 的浅绿色（C45，M5，Y95，K0）矩形
绘制枝叶	使用钢笔工具绘制枝叶，枝叶填充为浅绿色（C25，M15，Y70，K0），叶脉填充为浅绿色（C35，M25，Y80，K0）。 绘制第二组枝叶，枝叶填充为绿色（C70，M11，Y57，K0），叶脉填充为深绿色（C80，M25，Y70，K0）。 绘制第三组枝叶，枝叶填充为浅紫色（C60，M45，Y20，K0），花朵填充为浅粉色（C0，M35，Y15，K0）和深粉色（C5，M55，Y15，K0）

续表

操作步骤	操作要点
绘制枝叶	绘制第四组枝叶，执行“窗口”→“画笔库”命令，打开“边框_新奇”画笔面板，选择“桂冠装饰”，设置描边粗细为 1 pt
	执行“对象”→“扩展”命令，修改枝叶颜色为浅绿色（C25，M15，Y70，K0）
绘制花朵	使用钢笔工具绘制花苞，枝干填充为深绿色（C80，M50，Y100，K15），花苞填充为浅粉色（C0，M50，Y25，K0）和红色（C0，M80，Y50，K0）
	使用钢笔工具绘制花朵，花瓣填充为粉色（C0，M51，Y35，K0）和淡粉色（C0，M33，Y20，K0），花蕊填充为红色（C0，M95，Y90，K0）。 使用画笔工具绘制花朵上的斑点，描边色为淡粉色（C0，M40，Y30，K0），描边粗细为 0.25 pt。使用钢笔工具绘制花枝，花枝填充为绿色（C75，M30，Y85，K0）
	使用钢笔工具绘制花朵上的高光，填充为浅粉色（C0，M22，Y10，K0），执行“高斯模糊”命令
	使用钢笔工具绘制花瓣，花瓣填充为淡橘色（C0，M45，Y52，K0）和黄色（C7，M7，Y75，K0），使用椭圆工具在花瓣中心绘制白色圆形
建立剪切蒙版	将绘制好的花朵和全部枝叶放置到入场券的合适位置，使用画笔工具绘制粉色（C0，M50，Y35，K0）圆形作为点缀。 绘制和白色矩形相同大小的矩形，执行“建立剪切蒙版”命令

续表

操作步骤	操作要点
添加标题文字	打开实训任务 2 制作的“游园会宣传单 .ai”文件，将标题文字复制到入场券中 
制作副券	使用文字工具输入副券部分的文案，使用钢笔工具绘制直线段。 使用文字工具输入英文文案，执行“对象”→“扩展”命令，设置描边粗细为 2 pt，描边色为深绿色（C50，M17，Y95，K0），无填充色，完成后调整不透明度为 50%，完成制作 

五、实训评价

任务完成后，学生展示作品并分享完成任务过程中的心得体会。展示结束后，从工具使用、软件操作、作品效果、成果展示等方面对该实训任务进行评价，可采用学生自评、学生互评、教师评价相结合的多元评价方式，见表 2–3–3。

表 2–3–3　实训评价

序号	评价要求	学生自评（占比 30%）	学生互评（占比 30%）	教师评价（占比 40%）
1	对实训任务的分析准确到位（20 分）			
2	软件运用熟练、操作得当（20 分）			
3	能熟练使用画笔工具、画笔库菜单（30 分）			
4	最终效果图的版式及构图合理（20 分）			
5	展示及作品解说效果（10 分）			
综合得分				

六、实训拓展

1. 使用 Illustrator 2021 软件完成如图 2–3–3 所示的游园会邀请函的制作。

图 2-3-3　游园会邀请函

2. 使用 Illustrator 2021 软件为某市举办的旅游产业发展大会设计制作邀请函，可以增加自己绘制的其他图形元素和文案。

七、知识巩固与提高

1. 执行“(　　)”→“画笔”命令，打开“画笔”面板。从“画笔”面板中可选择预设的画笔笔触。

A. 编辑　　B. 窗口　　C. 对象　　D. 效果

2. 在 Illustrator 2021 中，用户还可以将画笔描边转换为轮廓，方法为：选择使用画笔工具绘制的线条或添加了画笔描边的路径，执行“(　　)”→“扩展外观”命令，即可将画笔描边转换为图形。

A. 编辑　　B. 窗口　　C. 对象　　D. 效果

3. 创建虚线样式后，在“(　　)”选项中可修改虚线的样式。

A. 粗细　　B. 边角　　C. 端点　　D. 限制

4. 使用(　　)绘制出的是带有描边的路径，而使用(　　)绘制出的是带有填充的形状。

A. 画笔工具　　B.“画笔”面板

C. 斑点画笔工具　　D. 画笔库菜单

5. 在页面中绘制一条开放的路径，执行“(　　)”→“路径”→“轮廓化描边”命令，对象的外观没有发生变化，但对象变成了一个独立的填充对象。

A. 对象　　B. 窗口　　C. 文件　　D. 效果

项目三
卡通设计

实训任务 1　制作企鹅卡通形象

一、实训情境

某广告公司的设计师接受了一项设计任务：制作企鹅卡通形象。该任务要求设计师在 90 min 内应用 Illustrator 2021 软件进行平面设计与制作，得到如图 3–1–1 所示的最终效果图。

图 3–1–1　企鹅卡通形象效果图

二、实训分析

要完成本实训任务，应按照图 3–1–2 所示的思维导图复习教材中的知识点。

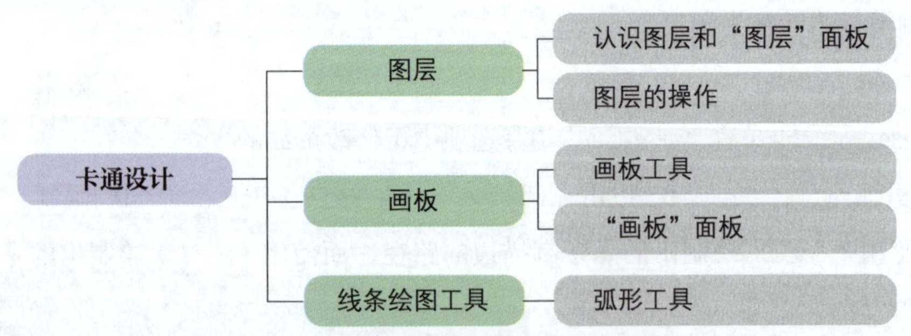

图 3–1–2　教材内容复习思维导图

为完成本实训任务，需使用图层工具、画板工具以及弧形工具进行绘制。在完成任务的过程中，应注意掌握钢笔工具、矩形工具的使用方法与技巧。

三、实训计划制订

根据任务分析，制订完成本任务的实训计划，见表 3-1-1。

表 3-1-1　实训计划

序号	工作内容	所需时间

四、操作步骤提示

参照表 3-1-2 所列的主要操作步骤和操作要点，完成企鹅卡通形象的制作。

表 3-1-2　操作步骤提示

操作步骤	操作要点
绘制背景	创建 A4 大小的横向页面，使用画板工具调整页面宽度为 290 mm、高度为 200 mm。使用矩形工具绘制一个宽度为 290 mm、高度为 200 mm 的矩形，填充为深蓝色到浅蓝色的径向渐变，无描边色。 使用钢笔工具在页面底部绘制一个宽度为 290 mm、高度为 62 mm 的三角形，填充为灰白色，无描边色。 打开素材“文字 .ai”文件，将文字素材复制到背景中 PENG U I N

续表

操作步骤	操作要点
绘制企鹅身体	打开“图层”面板，单击“创建新图层”按钮，将新创建的图层名称修改为“身体”。 使用钢笔工具在身体图层绘制企鹅身体，填充为深蓝色，描边色为黑色，描边粗细为 4 pt
	使用钢笔工具绘制企鹅手臂形状，填充为深蓝色和白色，描边色为黑色，蓝色部分描边粗细为 4 pt，白色部分描边粗细为 2 pt。 将两个手臂形状放置到合适位置，选中蓝色部分执行“排列”→“置于顶层”命令
	选中绘制好的企鹅手臂，执行“排列”→“置于底层”命令，放置到企鹅身体左侧。旋转复制企鹅手臂，角度为 180°，调整到合适位置
	使用钢笔工具绘制脸和肚子，填充为浅灰色，描边色为黑色，描边粗细为 3 pt。使用钢笔工具绘制肚子部分的阴影，填充为灰色，无描边色，不透明度为 50%
	使用弧形工具绘制肚脐，描边色为黑色，描边粗细为 4 pt，修改线段端点为“圆头端点”。使用镜像工具垂直复制弧线，并将弧线编组。 使用钢笔工具绘制企鹅脚掌，填充为橙色，描边色为黑色，描边粗细为 4 pt。复制已经绘制完成的企鹅脚掌，执行“排列”→“置于底层”命令，放置到企鹅身体的下方，旋转并调整到合适位置
绘制企鹅面部	使用椭圆工具绘制宽度和高度均为 28 mm 的圆形作为眼眶形状，填充为白色，描边色为黑色，描边粗细为 2 pt。 使用椭圆工具分别绘制宽度和高度均为 24 mm、23 mm、17 mm、16 mm 的圆形作为眼珠形状，依次填充为黑色、深蓝色到白色的径向渐变、蓝色、深蓝色，无描边色。选中所有圆形执行“水平居中对齐”和“垂直居中对齐”命令。

续表

操作步骤	操作要点
绘制企鹅面部	使用椭圆工具绘制宽度和高度均为 5 mm 和 2 mm 的圆形作为眼睛的高光形状，填充为白色，无描边色，放置到合适位置。选中眼珠和眼眶，执行“编组”命令
	将眼睛放置到合适位置。使用镜像工具垂直复制眼睛，调整到合适位置。选中两个眼睛，执行“编组”命令
	使用椭圆工具绘制宽度为 20 mm、高度为 12 mm 的椭圆形作为腮红，填充为浅粉色，描边色为黑色，描边粗细为 1 pt，使用选择工具调整腮红到合适角度和位置
	使用钢笔工具绘制眉毛形状，填充为深蓝色，描边色为黑色，描边粗细为 1 pt。使用镜像工具垂直复制已经绘制好的眉毛和腮红，调整到合适位置
	使用钢笔工具绘制企鹅鼻子外轮廓，填充为黄色，描边色为黑色，描边粗细为 2 pt。使用椭圆工具绘制企鹅鼻孔，填充为红褐色，旋转并调整到合适位置。使用镜像工具垂直复制鼻孔并调整到合适位置
	使用椭圆工具绘制宽度为 7 mm、高度为 11 mm 的椭圆形作为企鹅嘴巴，填充为深红色，描边色为黑色，描边粗细为 1 pt。选中企鹅嘴巴，执行“排列”→“置于底层”命令，调整到合适位置。选中企鹅五官，执行“编组”命令
绘制阴影	使用椭圆工具绘制宽度为 104 mm、高度为 18 mm 的椭圆形作为投影，填充为深蓝色，无描边色，调整到合适位置，完成制作

五、实训评价

任务完成后，学生展示作品并分享完成任务过程中的心得体会。展示结束后，从工具使用、软件操作、作品效果、成果展示等方面对该实训任务进行评价，可采用学生自评、学生互评、教师评价相结合的多元评价方式，见表 3-1-3。

表 3-1-3　实训评价

序号	评价要求	学生自评（占比 30%）	学生互评（占比 30%）	教师评价（占比 40%）
1	对实训任务的分析准确到位（20 分）			
2	软件运用熟练、操作得当（20 分）			
3	能熟练使用画板工具、弧形工具（30 分）			
4	最终效果图的版式及构图合理（20 分）			
5	展示及作品解说效果（10 分）			
综合得分				

六、实训拓展

1. 根据图 3-1-3 所示的动物线稿参考，使用 Illustrator 2021 软件绘制豹子 IP 形象。

图 3-1-3　动物线稿参考

2. 使用 Illustrator 2021 软件绘制狮子 IP 形象。

七、知识巩固与提高

1. 打开“图层”面板的快捷键是“(　　)”。

A. F5　　B. F6　　C. F7　　D. F8

2. 在“图层”面板中选中要调整的图层，(　　) 可完成图层顺序的调整。

A. 拖动鼠标　　B. 通过菜单栏选择

C. 单击鼠标右键　　D. 使用组合键“Alt+D”

3. 画板工具可以修改（　　）来调整画板的大小。

A. 宽度　　B. 纵向　　C. 高度　　D. 横向

4. 拖拽鼠标绘制的同时，按住“(　　)”键，可得到长度相等的弧线。

A. Alt　　B. Enter　　C. Ctrl　　D. Shift

5. 可通过（　　）来重命名图层名称。

A. 单击鼠标右键　　B. 双击图层　　C. Shift+M　　D. Shift+Q

实训任务 2　制作企鹅表情形象

一、实训情境

某广告公司的设计师接受了一项设计任务：制作企鹅表情形象。该任务要求设计师在 90 min 内应用 Illustrator 2021 软件进行平面设计与制作，得到如图 3-2-1 所示的最终效果图。

图 3-2-1　企鹅表情形象效果图

二、实训分析

要完成本实训任务，应按照图 3-2-2 所示的思维导图复习教材中的知识点。

图 3-2-2　教材内容复习思维导图

为完成本实训任务，需使用“透明度”面板、不透明蒙版以及混合模式进行绘制。在完成任务的过程中，应注意掌握钢笔工具、椭圆工具的使用方法与技巧。

三、实训计划制订

根据任务分析，制订完成本任务的实训计划，见表 3-2-1。

表 3-2-1　实训计划

序号	工作内容	所需时间

四、操作步骤提示

参照表 3-2-2 所列的主要操作步骤和操作要点，完成企鹅表情形象的制作。

表 3-2-2　操作步骤提示

操作步骤	操作要点
绘制吃惊表情	创建 A4 大小的纵向页面，复制实训任务 1 绘制的企鹅，删除面部表情，使用钢笔工具绘制弧线，执行“路径查找器”→“分割”命令，并使用直接选择工具调整图形
	使用椭圆工具分别绘制宽度和高度均为 23 mm、8 mm 的圆形。使用矩形工具绘制宽度为 20 mm、高度为 19 mm 的矩形。选中圆形和矩形，填充为白色，描边色为黑色，描边粗细为 3 pt。选中所有图形，执行“窗口”→“路径查找器”→“合并”命令。复制合并的图形，放置在企鹅面部作为眼睛

续表

操作步骤	操作要点
绘制吃惊表情	使用椭圆工具绘制宽度为 11 mm、高度为 29 mm 的椭圆形作为嘴巴，填充为深红色，描边色为黑色，描边粗细为 2 pt。使用钢笔工具绘制一条弧线，选中弧线和椭圆形，执行“窗口”→“路径查找器”→“分割”命令。分割后的下半部分填充为粉红色，描边色为黑色，描边粗细为 2 pt
	复制任务 1 中绘制的企鹅的鼻子。使用钢笔工具绘制眉毛，填充为深蓝色，描边色为黑色，描边粗细为 1 pt。使用镜像工具垂直复制绘制好的眉毛，调整到合适位置。 使用钢笔工具绘制折线和直线线段，描边色为黑色，描边粗细为 2 pt，描边端点改为“圆头端点”，完成吃惊表情的绘制
绘制喜欢表情	复制企鹅头部，删除面部表情。使用钢笔工具绘制桃心眼睛形状，填充为粉红色，描边色为深粉色，描边粗细为 2 pt。 使用椭圆工具绘制眼睛高光，绘制宽度和高度均为 5 mm 的圆形，填充为白色，无描边色。复制已经绘制好的桃心眼睛，调整到合适位置
	使用椭圆工具绘制宽度为 20 mm、高度为 12 mm 的椭圆形作为腮红，填充为浅粉色，描边色为黑色，描边粗细为 1 pt，使用选择工具调整腮红到合适角度和位置
	使用钢笔工具绘制眉毛，填充为深蓝色，描边色为黑色，描边粗细为 1 pt。使用镜像工具垂直复制已经绘制好的眉毛和腮红，调整到合适位置
	使用椭圆工具绘制宽度为 10 mm、高度为 12 mm 的椭圆形作为嘴巴，填充为深红色，描边色为黑色，描边粗细为 1.5 pt。使用钢笔工具绘制弧线，选中弧线和椭圆形，执行“窗口”→“路径查找器”→“分割”命令。分割后的下半部分填充为粉红色，描边色为黑色，描边粗细为 1.5 pt
	复制任务 1 中绘制的企鹅的鼻子。将绘制好的嘴巴放置在鼻子下方。使用钢笔工具在嘴巴的最下方绘制一条曲线，描边色为黑色，描边粗细为 1 pt，描边端点改为“圆头端点”，完成喜欢表情的绘制

续表

操作步骤	操作要点
绘制背景	单击工具箱中的“画板工具”，调整画板宽度为 290 mm、高度为 200 mm。使用矩形工具绘制与画板相同大小的矩形，将矩形放置到画板中央，填充为蓝色，无描边色
	选中喜欢表情的企鹅，使用选择工具放大并放置在合适位置 
	使用椭圆工具绘制宽度为 220 mm、高度为 210 mm 的椭圆形，填充为从白到黑的径向渐变，无描边色，调整椭圆形到合适位置 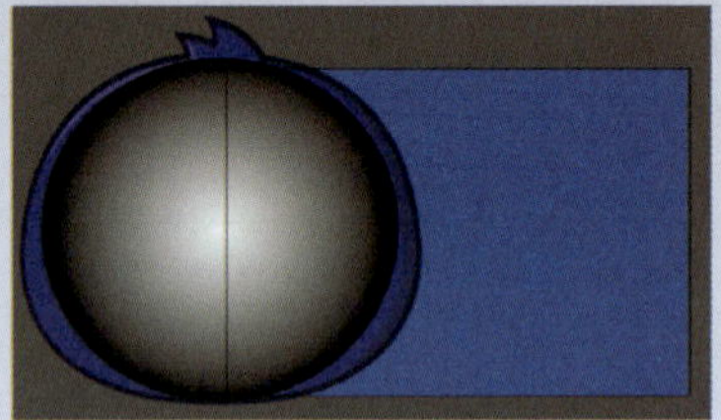
	选中椭圆形和喜欢表情的企鹅，执行“窗口”→“透明度”→“制作蒙版”命令 
	复制制作蒙版后的喜欢表情的企鹅，并调整到合适位置
	选中吃惊表情的企鹅，放置到画面的中间 
	打开素材“文字 .ai”文件，将文字复制到背景中。选中文字执行“窗口”→“透明度”→“混合模式”→“叠加”命令。选中吃惊表情的企鹅，执行“排列”→“置于顶层”命令 
	使用矩形工具绘制与画板相同大小的矩形，与页面中心对齐 
	选中所有对象，执行“建立剪切蒙版”命令，完成制作

五、实训评价

任务完成后，学生展示作品并分享完成任务过程中的心得体会。展示结束后，从工具使用、软件操作、作品效果、成果展示等方面对该实训任务进行评价，可采用学生自评、学生互评、教师评价相结合的多元评价方式，见表 3–2–3。

表 3–2–3　实训评价

序号	评价要求	学生自评（占比 30%）	学生互评（占比 30%）	教师评价（占比 40%）
1	对实训任务的分析准确到位（20 分）			
2	软件运用熟练、操作得当（20 分）			
3	能熟练使用不透明蒙版和混合模式（30 分）			
4	最终效果图的版式及构图合理（20 分）			
5	展示及作品解说效果（10 分）			
综合得分				

六、实训拓展

1. 根据实训任务 1 中设计出的豹子 IP 形象，使用 Illustrator 2021 软件分别制作大笑、生气和喜欢的表情，并进行简单的排版设计。

2. 根据实训任务 1 中设计出的狮子 IP 形象，使用 Illustrator 2021 软件设计制作三种不同的表情。

七、知识巩固与提高

1. “透明度”面板不包括（　　）命令。

A. 混合模式　　B. 不透明度　　C. 制作蒙版　　D. 色度调整

2. 不透明蒙版通过对象的（　　）来产生遮罩效果。

A. 遮挡　　B. 透明度　　C. 灰度值　　D. 明度

3. 对象添加了不透明蒙版后，“透明度”面板中显示的蒙版透明度状态由蒙版路径的（　　）决定。

A. 颜色色调　　B. 灰度值　　C. CMYK 值　　D. 透明度

4. 以下不属于“透明度”面板中混合模式的有（　　）。

A. 变暗　　B. 变亮　　C. 差值　　D. 混合

5. “透明度”面板中一共有（　　）种混合模式。

A. 5　　B. 16　　C. 6　　D. 15

实训任务 3　制作企鹅形象应用场景

一、实训情境

某广告公司的设计师接受了一项设计任务：制作企鹅形象应用场景。该任务要求设计师在 90 min 内应用 Illustrator 2021 软件进行平面设计与制作，得到如图 3-3-1 所示的最终效果图。

图 3-3-1　企鹅形象应用场景效果图

二、实训分析

要完成本实训任务，应按照图 3-3-2 所示的思维导图复习教材中的知识点。

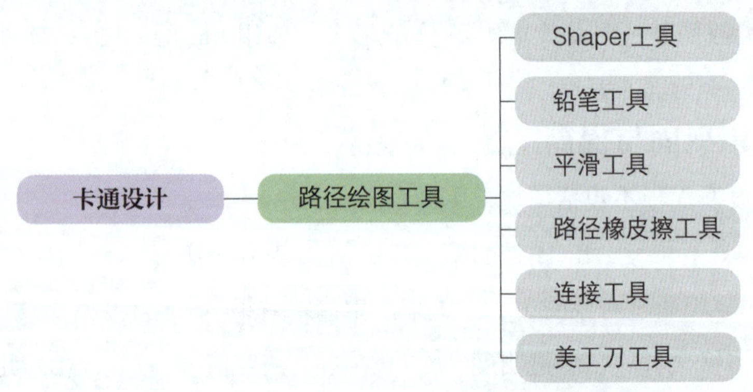

图 3-3-2　教材内容复习思维导图

为完成本实训任务，需使用铅笔工具、平滑工具以及美工刀工具进行绘制。在完成任务的过程中，应注意掌握平滑工具、美工刀工具的使用方法与技巧。

三、实训计划制订

根据任务分析，制订完成本任务的实训计划，见表 3-3-1。

表 3-3-1　实训计划

序号	工作内容	所需时间

四、操作步骤提示

参照表 3-3-2 所列的主要操作步骤和操作要点，完成企鹅形象应用场景的制作。

表 3-3-2　操作步骤提示

操作步骤	操作要点
绘制冰面	创建 A4 大小的横向页面，使用钢笔工具绘制冰面形状，填充为从白色到浅蓝色到白色到浅蓝色再到蓝色的径向渐变，描边色为墨蓝色，描边粗细为 1 pt
	使用钢笔工具绘制冰面厚度形状，填充为白色、浅蓝色、深蓝色，描边色为墨蓝色，描边粗细为 1 pt，选中所有冰面厚度形状，执行“编组”命令。 选中冰面，执行“排列”→“置于顶层”命令

续表

操作步骤	操作要点
绘制冰面	使用钢笔工具绘制冰块阴影形状，填充为墨蓝色，无描边色。选中阴影形状，执行“窗口”→“透明度”命令，不透明度为50%
	选中冰面和厚度形状，执行“排列”→“置于顶层”命令，选中所有物品，执行“编组”命令
	使用钢笔工具绘制不规则湖面形状，填充为深蓝色到白色的径向渐变，无描边色。使用平滑工具，平滑处理湖面形状的边角
	将湖面形状原位复制一层，执行“窗口”→“透明度”→“混合模式”→“滤色”命令
	选中冰面和冰面厚度形状，执行“排列”→“置于顶层”命令。选中所有对象，执行“编组”命令
绘制企鹅	使用钢笔工具绘制企鹅身体形状，填充为深蓝色，描边色为黑色，描边粗细为2 pt。 使用钢笔工具绘制企鹅脸部形状，填充为白色，描边色为黑色，描边粗细为2 pt
	复制实训任务1绘制的企鹅五官，放置在企鹅面部。 使用钢笔工具绘制企鹅肚子形状，填充为白色，描边色为黑色，描边粗细为2 pt。使用弧形工具绘制肚脐，描边色为黑色，描边粗细为2 pt，修改描边端点为“圆头端点”。使用镜像工具垂直复制肚脐弧线，选中所有肚脐弧线执行“编组”命令，调整肚脐到合适位置
	使用钢笔工具绘制企鹅左边手臂形状，填充为深蓝色和白色，深蓝色部分描边粗细为4 pt，白色部分描边粗细为2 pt。 将两个形状放置到合适位置，选中深蓝色部分，执行“排列”→“置于顶层”命令。选中左边手臂形状，执行“编组”命令

续表

操作步骤	操作要点
绘制企鹅	选中绘制好的企鹅左臂，执行“排列”→“置于底层”命令，放置到身体左侧。 使用钢笔工具绘制企鹅右边手臂形状，填充为深蓝色，描边色为黑色，描边粗细为 2 pt，调整手臂到合适位置。 使用钢笔工具为企鹅右臂添加阴影，填充为深紫色，无描边色。选中阴影形状，执行“窗口”→“透明度”命令，不透明度为 50%，放置到合适位置。选中右臂，执行“排列”→“置于顶层”命令
绘制企鹅鞋子	使用钢笔工具绘制企鹅鞋子形状，填充为黄色，描边色为黑色，描边粗细为 1 pt。 使用美工刀工具分割鞋子，并将分割后的鞋子底部填充为白色。 使用钢笔工具绘制鞋面高光形状，填充为淡黄色，无描边色
	使用钢笔工具绘制企鹅鞋子底部形状，填充为深紫色，无描边色。选中所有对象，执行“编组”命令
	复制企鹅鞋子，放置到合适位置，使用选择工具选中两只鞋子，执行“排列”→“置于底层”命令
绘制企鹅围巾和帽子	使用钢笔工具绘制围巾形状，填充为红色，描边色为黑色，描边粗细为 2 pt。 使用铅笔工具绘制围巾末端的细节，描边色为黑色，描边粗细为 2 pt
	使用钢笔工具绘制帽子形状，填充为红色，描边色为黑色，描边粗细为 2 pt，变量宽度配置文件为“宽度配置文件 1”。使用椭圆工具绘制宽度和高度均为 22 mm 的圆形作为帽子装饰，填充为红色，描边色为黑色，描边粗细为 2 pt。选中帽子装饰，执行“排列”→“置于底层”命令

续表

操作步骤	操作要点
绘制企鹅围巾和帽子	选中帽子，执行“编组”命令，然后执行“排列”→“置于底层”命令。 打开素材“护目镜.ai”文件，将护目镜复制到文档中并调整护目镜的大小和位置
绘制背景	使用画板工具调整画板宽度为 350 mm、高度为 240 mm
	打开素材“背景文字.ai”文件，将背景文字复制到文档中，调整到合适位置
	将前面绘制好的企鹅、冰块和湖面放置到合适位置，完成制作

五、实训评价

任务完成后，学生展示作品并分享完成任务过程中的心得体会。展示结束后，从工具使用、软件操作、作品效果、成果展示等方面对该实训任务进行评价，可采用学生自评、学生互评、教师评价相结合的多元评价方式，见表 3–3–3。

表 3–3–3　实训评价

序号	评价要求	学生自评（占比 30%）	学生互评（占比 30%）	教师评价（占比 40%）
1	对实训任务的分析准确到位（20 分）			
2	软件运用熟练、操作得当（20 分）			
3	能熟练使用平滑工具和美工刀工具（30 分）			
4	最终效果图的版式及构图合理（20 分）			
5	展示及作品解说效果（10 分）			
综合得分				

六、实训拓展

1. 根据实训任务 1 中设计出的豹子 IP 形象并结合图 3–3–3 所示的奔跑动作参考，

使用 Illustrator 2021 软件绘制出奔跑的豹子 IP 应用场景，并进行简单的排版设计。

图 3-3-3　奔跑动作参考

2. 使用 Illustrator 2021 软件根据实训任务 1 中完成的狮子 IP 形象，绘制一个正在做运动的狮子 IP 应用场景。

七、知识巩固与提高

1. 使用铅笔工具绘制的线条是（　　）。

A. 随意的路径　　B. 特定的直线　　C. 规定的路径　　D. 特定的曲线

2. 以下关于平滑工具不正确的是（　　）。

A. 关于保真度的设置：保真度数值越大，涂抹效果的平滑程度越大

B. 关于保真度的设置：保真度数值越小，路径的平滑程度越小

C. 平滑处理路径时，需要在路径边缘处按住鼠标左键反复涂抹

D. 关于保真度的设置：保真度数值越小，路径的平滑程度越大

3. 铅笔工具可进行的操作有（　　）。

A. 绘制线条　　B. 涂色　　C. 平滑线条　　D. 切割线条

4. 美工刀工具可以（　　）。

A. 切割随机对象　　B. 切割选中对象

C. 以曲线切割对象　　D. 只切割重合部分对象

5. 使用美工刀工具水平直线切割对象的组合键是“（　　）”。

A. Shift+Ctrl　　B. Shift+Alt

C. Shift+Enter　　D. Shift+Ctrl+Alt

项目四
插画设计

实训任务 1　制作静物插画

一、实训情境

某广告公司的设计师接受了一项设计任务：绘制一幅静物插画。该任务要求设计师在 90 min 内应用 Illustrator 2021 软件进行平面设计与制作，得到如图 4-1-1 所示的最终效果图。

图 4-1-1　静物插画效果图

二、实训分析

要完成本实训任务，应按照图 4-1-2 所示的思维导图复习教材中的知识点。

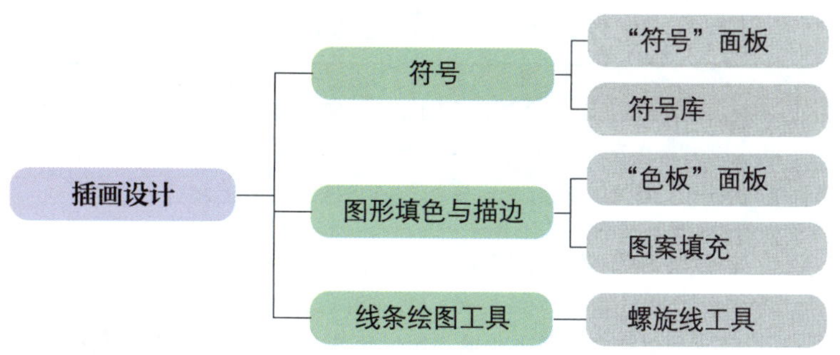

图 4-1-2　教材内容复习思维导图

为完成本实训任务，需使用"符号"面板、符号库、"色板"面板、图案填充以及螺旋线工具进行绘制。在完成任务的过程中，应注意掌握螺旋线工具、"符号"面板、"色板"面板的使用方法与技巧。

三、实训计划制订

根据任务分析，制订完成本任务的实训计划，见表 4–1–1。

表 4–1–1　实训计划

序号	工作内容	所需时间

四、操作步骤提示

参照表 4–1–2 所列的主要操作步骤和操作要点，完成静物插画制作。

表4-1-2　操作步骤提示

操作步骤	操作要点
绘制背景	使用矩形工具在页面中绘制一个宽度为210 mm、高度为220 mm的矩形，将矩形放置在页面中央，填充为灰白色到浅蓝色的线性渐变，无描边色
绘制桌子	使用椭圆工具绘制一个宽度为90 mm、高度为15 mm的椭圆形，填充为土黄色，无描边色，按住“Alt”键向下复制一个同样大小的椭圆，填充为棕色。 使用矩形工具绘制一个宽度为90 mm、高度为3 mm的矩形，连接两个椭圆，填充为棕色，无描边色 
	使用矩形工具绘制四个宽度为5 mm、高度为26 mm的矩形，分别填充为红棕色和绿色 
	将四个矩形分别放置到桌子的下面，使用倾斜工具将矩形向内倾斜。 使用椭圆工具绘制桌子阴影，绘制一个宽度为198 mm、高度为63 mm的椭圆形，填充为蓝绿色，执行“排列”→“置于底层”命令 
	选中桌子阴影，执行“窗口”→“透明度”命令，设置不透明度为30% 
	使用钢笔工具绘制桌布，填充为白色。 选中桌布，执行“窗口”→“色板”命令，打开“色板”面板，单击“色板”面板底部的“色板库”菜单按钮，继续执行“图案”→“装饰”→“装饰旧版”命令，选中“织物藤条颜色”填充图案 
绘制花瓶	使用钢笔工具绘制瓶身，亮部填充为白色，暗部填充为粉白色 

续表

操作步骤	操作要点
绘制花瓶	打开素材“叶子 .ai”文件，将素材复制到文档中，放置到花瓶口处。 使用钢笔工具绘制花茎，描边色为深绿色，描边粗细为 1 pt。 使用钢笔工具绘制花朵，填充为橘色和橘黄色，调整大小和位置
	执行“窗口”→“符号”命令，单击“符号”面板底部的“符号库”菜单按钮，在弹出的菜单中执行“花朵”命令，选择“蒲公英”图形。将“蒲公英”图形放置到合适位置。选中花瓶，执行“排列”→“置于顶层”命令
	使用钢笔工具绘制花瓶阴影，填充为土黄色，执行“窗口”→“透明度”→“正片叠底”命令
绘制甜品	使用椭圆工具绘制宽度为 42 mm、高度为 9 mm 的椭圆形，选中椭圆形复制三个，使用选择工具调整最上方椭圆形的大小，从上至下分别填充为浅紫色、蓝灰色、白色和土黄色，无描边色。选中土黄色椭圆形，执行“窗口”→“透明度”→“正片叠底”命令
	使用钢笔工具绘制蛋糕，从上至下分别填充为肉粉色、粉色、浅粉色和深粉色，无描边色

续表

操作步骤	操作要点
绘制甜品	使用椭圆工具绘制宽度和高度均为 9 mm 的圆形，填充为浅粉色到红色再到浅粉色的径向渐变。 使用螺旋线工具绘制甜点的纹理，描边色填充为深红色到黄色的线性渐变，描边粗细为 1 pt 
	使用矩形工具绘制宽度为 17 mm、高度为 8 mm 的矩形，使用直接选择工具调整边角，内部颜色和描边色均填充为浅粉色，描边粗细为 3.5 pt，执行“窗口”→“透明度”命令，设置不透明度为 88% 
	使用钢笔工具绘制果汁，填充为红色，无描边色。再使用钢笔工具绘制吸管，无填充色，描边色为浅粉色，描边粗细为 3.5 pt
	使用椭圆工具绘制五个不同大小的气泡，填充为浅粉色。使用圆角矩形工具绘制阴影，填充为土黄色，执行“窗口”→“透明度”→“正片叠底”命令，选中所有物品，执行“编组”命令 
	选中最下面的背景，复制到顶层，选中所有图层，执行“建立剪切蒙版”命令，完成制作

五、实训评价

任务完成后，学生展示作品并分享完成任务过程中的心得体会。展示结束后，从工具使用、软件操作、作品效果、成果展示等方面对该实训任务进行评价，可采用学生自评、学生互评、教师评价相结合的多元评价方式，见表 4-1-3。

表 4-1-3 实训评价

序号	评价要求	学生自评（占比 30%）	学生互评（占比 30%）	教师评价（占比 40%）
1	对实训任务的分析准确到位（20 分）			
2	软件运用熟练、操作得当（20 分）			
3	能熟练使用螺旋线工具、“符号”面板和“色板”面板（30 分）			
4	最终效果图的版式及构图合理（20 分）			
5	展示及作品解说效果（10 分）			
综合得分				

六、实训拓展

1. 根据图 4-1-3 所示的静物参考，使用 Illustrator 2021 软件设计制作主题为“正在工作中”的桌面静物，并进行简单的排版设计。

图 4-1-3 静物参考

2. 使用 Illustrator 2021 软件设计制作主题为“下午茶”的桌面静物，并进行简单的排版设计。

七、知识巩固与提高

1. “符号”面板用于载入符号、创建符号、应用符号及（　　）。

A. 新建符号　　B. 编辑符号　　C. 删除符号　　D. 断开符号

2. “色板”面板中有很多预设的颜色、渐变和图案，可以直接用于图形的（　　）。

A. 填色和描边　　B. 描边　　C. 填色　　D. 填充图案

3. 在“图案选项”面板中，可以对图案的（　　）等选项进行设置。

A. 大小　　B. 位置　　C. 拼贴类型　　D. 重叠

4. 使用螺旋线工具可以绘制出（　　）的螺旋线。

A. 半径不同　　B. 段数不同

C. 样式不同　　D. 粗细不同

5. 按住鼠标左键拖动时同时按住（　　），螺旋线可随鼠标的拖动而移动位置。

A.“Shift”键　　B.“Ctrl”键

C.“Space”键　　D.“Enter”键

实训任务 2　制作人物插画

一、实训情境

某广告公司的设计师接受了一项设计任务：绘制一幅人物插画。该任务要求设计师在 90 min 内应用 Illustrator 2021 软件进行平面设计与制作，得到如图 4-2-1 所示的最终效果图。

图 4-2-1　人物插画效果图

二、实训分析

要完成本实训任务，应按照图 4-2-2 所示的思维导图复习教材中的知识点。

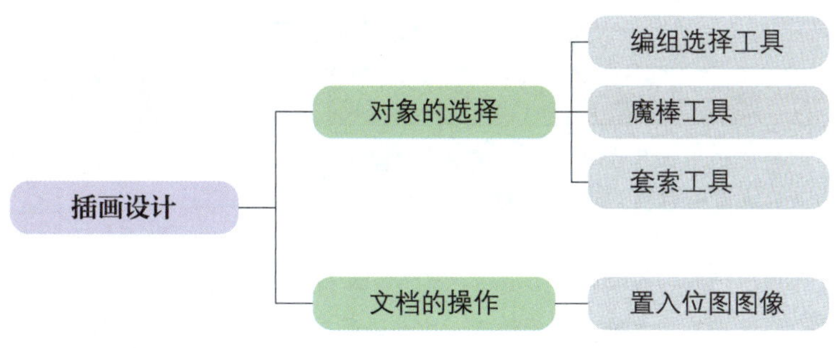

图 4-2-2　教材内容复习思维导图

为完成本实训任务，需使用魔棒工具和置入位图图像进行绘制。在完成任务的过程中，应注意掌握魔棒工具、钢笔工具的使用方法与技巧。

三、实训计划制订

根据任务分析，制订完成本任务的实训计划，见表 4-2-1。

表 4-2-1　实训计划

序号	工作内容	所需时间

四、操作步骤提示

参照表 4-2-2 所列的主要操作步骤和操作要点，完成人物插画制作。

表 4-2-2　操作步骤提示

操作步骤	操作要点
绘制背景	使用矩形工具在页面中绘制一个宽度为 210 mm、高度为 220 mm 的矩形，将矩形放置在页面中央，填充为浅蓝色到白色的线性渐变
绘制小男孩头部	使用钢笔工具绘制帽子形状，填充为蓝色。 使用钢笔工具绘制帽子细节，无描边色，变量宽度配置文件选择“宽度配置文件 1”，描边色为深蓝色，描边粗细为 1 pt
	使用钢笔工具绘制头发形状，填充为棕色。选中帽子，执行“排列”→“置于顶层”命令。 使用钢笔工具绘制帽檐阴影形状，填充为深蓝色。选中帽檐阴影，执行“排列”→“置于底层”命令
	使用钢笔工具绘制面部轮廓，填充为肤色，选中面部轮廓，放置到头发下层。 绘制耳朵阴影部分，填充为深肤色，无描边色
	使用椭圆工具绘制三个椭圆形作为眼睛，从前至后分别填充为黑色、棕色和白色
	使用钢笔工具在眼睛上方绘制一个棕色的描边，变量宽度配置文件选择“宽度配置文件 5”，描边色为深棕色，描边粗细为 2 pt。使用椭圆工具在眼球位置绘制两个白色的椭圆高光
	复制绘制好的眼睛，调整眼睛的角度和位置。 使用钢笔工具绘制眉毛，填充为棕色。使用钢笔工具绘制鼻子，描边色为粉红色，描边粗细为 1 pt。使用钢笔工具绘制腮红，填充为粉色，无描边色。复制眉毛和腮红，调整到合适位置。 使用钢笔工具绘制嘴巴形状，分别填充为白色和粉红色，无描边色。 使用钢笔工具绘制脖子形状，填充为深粉色，无描边色

续表

操作步骤	操作要点
绘制小男孩身体	使用钢笔工具绘制上衣，填充为白色和蓝色，无描边色。 使用钢笔工具绘制衣服褶皱，描边色为深蓝色，描边粗细为 1 pt，变量宽度配置文件选择“宽度配置文件 1” 
	执行“文件”→“置入”命令，将素材“小熊 .png”图像置入到当前文档中，调整素材的大小和位置
	使用钢笔工具绘制裤子轮廓，填充为黑色，无描边色。选中裤子，执行“排列”→“置于底层”命令。 使用钢笔工具绘制裤子褶皱，描边色为白色，描边粗细为 1 pt。使用魔棒工具选中所有裤子褶皱，单击鼠标右键执行“编组”命令 
	使用钢笔工具绘制胳膊、手和腿，填充为肤色，无描边色。 使用钢笔工具绘制胳膊和腿部的阴影，填充为深肤色，无描边色。 使用钢笔工具绘制鞋子以及鞋子阴影，鞋子填充为蓝色，鞋子阴影填充为深蓝色，无描边色 
组合画面	导入“实训任务 1”中绘制的静物插画，调整桌面静物的大小和位置。 使用椭圆工具绘制桌子阴影，绘制一个宽度为 198 mm、高度为 46 mm 的椭圆形，填充为蓝绿色，执行“排列”→“置于底层”命令，再执行“窗口”→“透明度”命令，设置不透明度为 30%，完成制作

五、实训评价

任务完成后，学生展示作品并分享完成任务过程中的心得体会。展示结束后，从工具使用、软件操作、作品效果、成果展示等方面对该实训任务进行评价，可采用学生自评、学生互评、教师评价相结合的多元评价方式，见表 4–2–3。

表 4–2–3　实训评价

序号	评价要求	学生自评（占比 30%）	学生互评（占比 30%）	教师评价（占比 40%）
1	对实训任务的分析准确到位（20 分）			
2	软件运用熟练、操作得当（20 分）			
3	能熟练使用魔棒工具和钢笔工具（30 分）			
4	最终效果图的版式及构图合理（20 分）			
5	展示及作品解说效果（10 分）			
综合得分				

六、实训拓展

1. 根据实训任务 1 设计制作的主题为“正在工作中”的桌面静物插画，使用 Illustrator 2021 软件设计制作一个和工作相关的人物插画，并进行简单的排版设计。

2. 根据实训任务 1 中设计制作的主题为“下午茶”的桌面静物插画，使用 Illustrator 2021 软件设计制作一个与下午茶相关的人物插画，并进行简单的排版设计。

七、知识巩固与提高

1. 在“魔棒”面板中可以选择填充颜色、描边颜色、(　　)、不透明度、混合模式及容差。

A. 描边粗细　　B. 线条粗细　　C. 填充颜色　　D. 曲线线条

2. 魔棒工具用于选择（　　）的对象。

A. 相同或相似　　B. 完全相同

C. 不相同或者不相似　　D. 同区域

3. 魔棒工具的快捷键为“(　　)”。

A. Q　　B. T　　C. Y　　D. M

4. 将图片素材置入文档，如果在“置入”对话框中取消勾选“(　　)”复选框，图片素材会直接嵌入文档。

A. 衔接　　B. 连接　　C. 相接　　D. 链接

5. 执行置入位图图像命令后，按住（　　）能够控制置入素材的大小。

A. 鼠标右键拖动　　B. 鼠标右键拖动 + “Ctrl” 键

C. 鼠标左键拖动 + “Ctrl” 键　　D. 鼠标左键拖动

实训任务 3　制作风景插画

一、实训情境

某广告公司的设计师接受了一项设计任务：绘制一幅风景插画。该任务要求设计师在 90 min 内应用 Illustrator 2021 软件进行平面设计与制作，得到如图 4–3–1 所示的最终效果图。

图 4–3–1　风景插画效果图

二、实训分析

要完成本实训任务，应按照图 4–3–2 所示的思维导图复习教材的知识点。

图 4–3–2　教材内容复习思维导图

为完成本实训任务，需使用光晕工具、操控变形工具进行绘制。在完成任务的过程中，应注意掌握钢笔工具、“透明度”面板的使用方法与技巧。

三、实训计划制订

根据任务分析，制订完成本任务的实训计划，见表 4–3–1。

表 4–3–1　实训计划

序号	工作内容	所需时间

四、操作步骤提示

参照表 4–3–2 所列的主要操作步骤和操作要点，完成风景插画制作。

表 4–3–2　操作步骤提示

操作步骤	操作要点
绘制台阶	使用矩形工具绘制一个宽度为 210 mm、高度为 32 mm 的矩形，填充为淡黄色。 使用钢笔工具绘制描边色为暗紫色、描边粗细为 1 pt 的线条，复制线条并调整角度。 使用矩形工具分别绘制宽度为 210 mm、高度为 9 mm 和宽度为 210 mm、高度为 2 mm 的矩形，分别填充为浅紫色和暗紫色，无描边色

续表

操作步骤	操作要点
绘制台阶	使用矩形工具绘制栏杆的竖杆部分，分别绘制四个宽度为 6 mm、高度为 44 mm 的矩形，填充为浅黄色到淡黄色的线性渐变，无描边色。 使用矩形工具绘制栏杆的横杆部分，绘制宽度为 210 mm、高度为 7 mm 的矩形，填充为浅黄色到淡黄色的线性渐变，无描边色，复制绘制好的横杆并调整到合适位置
绘制植物	使用矩形工具绘制天空，绘制宽度为 210 mm、高度为 297 mm 的矩形，填充为天蓝色。再使用矩形工具绘制宽度为 210 mm、高度为 32 mm 的矩形草地，填充为浅绿色，无描边色
	执行“文件”→“置入”命令，将素材“植物 1.png”图像置入到当前文档中，再使用同样的方法置入“植物 2.png”和“植物 3.png”，调整大小和位置
	使用钢笔工具绘制植物根茎，填充为黄绿色，无描边色。 使用钢笔工具绘制植物叶子形状，分别填充为绿色和黄绿色，无描边色。 复制叶子排列到根茎的顶端和两侧。使用操控变形工具调整植物的弯曲程度
	将绘制好的植物放置到场景中，使用镜像工具复制植物到另一侧，并调整到合适位置

续表

操作步骤	操作要点
绘制湖面	使用矩形工具绘制一个宽度为 210 mm、高度为 111 mm 的矩形，填充为浅蓝色到蓝绿色的线性渐变，无描边色。使用钢笔工具绘制五条线段，描边色为湖蓝色，描边粗细为 3 pt，变量宽度配置文件为“宽度配置文件 1”
	使用钢笔工具绘制帆船形状，填充为白色，无描边色。使用钢笔工具绘制帆船船杆，描边色为淡黄色，描边粗细为 1 pt。 使用椭圆工具绘制帆船的阴影，绘制宽度为 30 mm、高度为 35 mm 的椭圆形，填充为青色，无描边色。使用橡皮擦工具擦出水波纹效果 
	选中帆船阴影，打开“透明度”面板，调整不透明度为 27%。复制帆船和帆船阴影并放置到合适位置 
	复制帆船阴影作为太阳阴影，填充为橙色到白色的线性渐变，白色的不透明度调整为 0%，无描边色 
	将绘制好的帆船、帆船阴影以及太阳阴影放置到湖面合适位置 
绘制天空	使用钢笔工具绘制云层形状，分别填充为浅粉色、淡粉色、肉粉色和白色，并放置到合适位置 

续表

操作步骤	操作要点
绘制天空	使用光晕工具为天空添加光晕，光晕直径设置为 100 pt，路径为 300 pt，方向为 330°，调整光晕的大小和位置。选中光晕，执行“窗口”→“透明度”命令，设置不透明度为 40%
	使用椭圆工具绘制一个宽度和高度均为 16 mm 的圆形，填充为橘黄色到粉红色的线性渐变，无描边色。 执行“文件”→“置入”命令，将素材中的“鸟.png”位图图像置入到当前文档中，并放置到合适位置
组合画面	将“实训任务 1”和“实训任务 2”绘制好的静物插画和人物插画放置到画面上，调整位置、大小和顺序，选中所有对象，执行“编组”命令
	使用矩形工具绘制一个宽度为 210 mm、高度为 297 mm 的矩形并对齐画板。选中所有对象，执行“建立剪切蒙版”命令，完成制作

五、实训评价

任务完成后，学生展示作品并分享完成任务过程中的心得体会。展示结束后，从工具使用、软件操作、作品效果、成果展示等方面对该实训任务进行评价，可采用学生自评、学生互评、教师评价相结合的多元评价方式，见表 4–3–3。

表 4-3-3　实训评价

序号	评价要求	学生自评（占比 30%）	学生互评（占比 30%）	教师评价（占比 40%）
1	对实训任务的分析准确到位（20 分）			
2	软件运用熟练、操作得当（20 分）			
3	能熟练使用光晕工具和操控变形工具（30 分）			
4	最终效果图的版式及构图合理（20 分）			
5	展示及作品解说效果（10 分）			
综合得分				

六、实训拓展

1. 根据实训任务 1 和实训任务 2 设计制作的主题为“正在工作中”的静物插画和人物插画，使用 Illustrator 2021 软件设计制作一个和工作相关的风景插画，并进行简单的排版设计。

2. 根据实训任务 1 和实训任务 2 设计制作的主题为“下午茶”的静物插画和人物插画，使用 Illustrator 2021 软件设计制作一个和下午茶相关的风景插画，并进行简单的排版设计。

七、知识巩固与提高

1. 光晕工具由（　　）组成。

A. 中央手柄　　B. 末端手柄　　C. 光晕、光环　　D. 射线

2. 光晕工具属于（　　）工具组。

A. 选择　　B. 上色　　C. 绘制　　D. 导航

3. 操控变形工具可以（　　）图形的某些部分。

A. 扭转和扭曲　　B. 重塑　　C. 断开　　D. 转变

4. 在“光晕工具选项”对话框中，（　　）。

A. 设置低模糊度可以得到模糊的光晕　　B. 设置高模糊度可以得到清晰的光晕

C. 设置低模糊度可以得到清晰的光晕　　D. 不能改变光晕的清晰度

5. 光晕工具用于创建光晕图形，可创建（　　）光源的高亮度显示或反射，可以对任何背景与图形进行设置。

A. 一个　　B. 两个　　C. 三个　　D. 多个

项目五
包装设计

实训任务 1　制作柠檬汁瓶贴

一、实训情境

某广告公司的设计师接受了一项设计任务：制作柠檬汁瓶贴。该任务要求设计师在 90 min 内应用 Illustrator 2021 软件进行平面设计与制作，得到如图 5–1–1 所示的最终展开图与效果图。

图 5–1–1　柠檬汁瓶贴展开图与效果图

二、实训分析

要完成本实训任务，应按照图 5–1–2 所示的思维导图复习教材中的知识点。

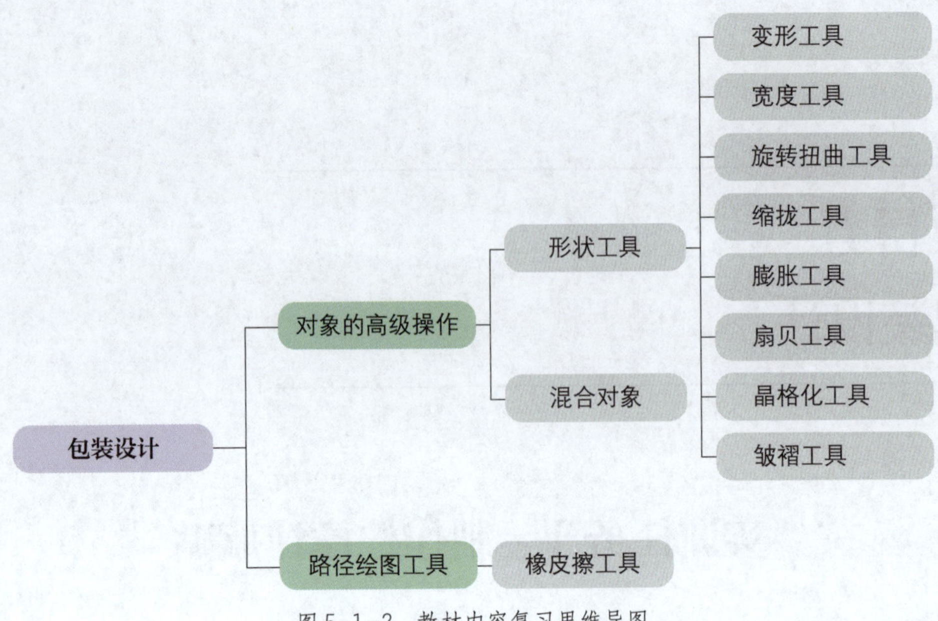

图 5-1-2　教材内容复习思维导图

为完成本实训任务，需使用旋转扭曲工具、褶皱工具等形状工具进行图形制作。在完成任务的过程中，还应注意掌握钢笔工具、椭圆工具、画笔工具、矩形工具的使用方法与技巧。

三、实训计划制订

根据任务分析，制订完成本任务的实训计划，见表 5-1-1。

表 5-1-1　实训计划

序号	工作内容	所需时间

续表

序号	工作内容	所需时间

四、操作步骤提示

参照表 5-1-2 所列的主要操作步骤和操作要点，完成柠檬汁瓶贴的制作。

表 5-1-2　操作步骤提示

操作步骤	操作要点
绘制柠檬轮廓	使用钢笔工具绘制柠檬外轮廓，填充为黄色到橙色的线性渐变
制作柠檬肌理	使用椭圆工具绘制一个圆形，随后打开“画笔”面板，单击“新建画笔”按钮，选择“散点画笔”。在“散点画笔选项”对话框中，设置大小为“随机”，数值为 30%～116%；设置间距为“随机”，数值为 34%～133%；设置分布为“随机”，数值为 −556%～111%，单击“确定”按钮
	使用画笔工具按柠檬外轮廓绘制出四条路径，填充为黄色，不透明度调整为 50%。 使用画笔工具按柠檬外轮廓再绘制出三条路径，随后执行“对象”→“扩展外观”命令，填充为浅黄色，不透明度调整为 50%
	使用褶皱工具，同时按住“Alt”键与鼠标右键，鼠标向左右移动调整工具横向大小，向上下移动调整工具竖向大小，调整到合适大小后，在斑点上随机单击

续表

操作步骤	操作要点
制作柠檬肌理	使用旋转扭曲工具，同时按住“Alt”键与鼠标右键，鼠标向左右移动调整工具横向大小，向上下移动调整工具竖向大小，调整到合适大小后，在斑点上随机单击
组合柠檬和肌理	选中所有斑点，执行“对象”→“扩展外观”命令，随后按“Ctrl+G”组合键进行编组。复制柠檬外轮廓，放置于肌理上层，选中柠檬外轮廓与肌理，执行“创建剪贴蒙版”命令
制作柠檬瓣	打开素材“柠檬.ai”文件，放置在合适位置
	使用钢笔工具绘制出如右图所示的形状，选中所有图形，执行“创建剪贴蒙版”命令
组合水滴和柠檬瓣	使用钢笔工具绘制水滴形状，填充为黄色，阴影填充为橙色，高光填充为白色
	将绘制好的柠檬瓣复制三份，并与水滴进行组合。使用矩形工具绘制一个宽度为 62 mm、高度为 110 mm 的矩形，执行“创建剪贴蒙版”命令

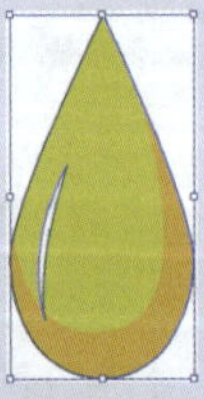

续表

操作步骤	操作要点
	打开素材“标题.ai”文件，放置在合适位置。 使用钢笔工具绘制如右图所示的图形，填充为橙色，放置于标题上方。 使用圆角矩形工具绘制宽度为 50 mm、高度为 9 mm、圆角半径为 2.5 mm 的圆角矩形，填充为橙色，放置在标题右上方 
添加文案	打开素材“文案.docx”文件，复制文案“100%纯柠檬无添加”，设置字体为“思源黑体”，字体大小为 14 pt，字体颜色为棕色，放置在圆角矩形上方。复制英文文案，放置于圆角矩形下方，设置字体为“思源黑体”，字体大小为 4 pt，字体颜色为橙色。复制文案“100% lemon juice”，设置字体为“微软雅黑体”，字体大小为 16 pt，字体颜色为橙色。复制文案“净含量：350 ml”，设置字体为“微软雅黑体”，字体大小为 14 pt，字体颜色为棕色 
	打开素材“产地.ai”、“条码.ai”、“营养成分表.ai”文件，放置在对应位置。 复制素材“文案.docx”中“注意事项”“安岳柠檬”两段文案，设置字体为“思源黑体”，字体大小为 5 pt，字体颜色为棕色，放置于营养成分表下方。复制素材“文案.docx”中“品名”段落文字，设置字体为“思源黑体”，字体大小为 5 pt，字体颜色为棕色，放置于瓶贴左侧上方，完成瓶贴设计 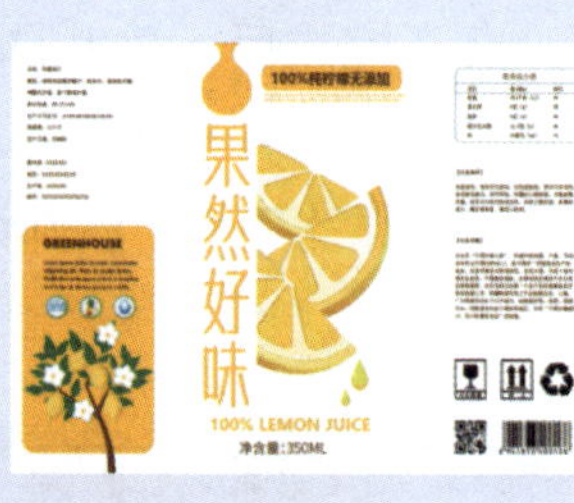
制作效果图	新建宽度为 170 mm、高度为 230 mm 的文档。复制绘制好的瓶贴，使用矩形工具框选瓶贴正面，执行“创建剪贴蒙版”命令 

续表

操作步骤	操作要点
制作效果图	执行“文件”→“置入”命令，置入“效果图.jpg”文件。将瓶贴正面复制两份，调整大小，放置在效果图上
	使用矩形工具在瓶贴上方绘制与瓶贴相同大小的矩形，填充为由白色到不透明度为 60% 的灰色再到白色的线性渐变
	执行“窗口”→“外观”命令，单击“不透明度”打开“透明度”面板，调整混合模式为“正片叠底”，完成制作

五、实训评价

任务完成后，学生展示作品并分享完成任务过程中的心得体会。展示结束后，从工具使用、软件操作、作品效果、成果展示等方面对该实训任务进行评价，可采用学生自评、学生互评、教师评价相结合的多元评价方式，见表 5-1-3。

表 5-1-3　实训评价

序号	评价要求	学生自评（占比 30%）	学生互评（占比 30%）	教师评价（占比 40%）
1	对实训任务的分析准确到位（20 分）			
2	软件运用熟练、操作得当（20 分）			
3	能熟练使用形状工具（30 分）			
4	最终效果图的版式及构图合理（20 分）			
5	展示及作品解说效果（10 分）			
综合得分				

六、实训拓展

1. 使用 Illustrator 2021 软件设计制作芒果汁瓶贴展开图。

2. 使用 Illustrator 2021 软件设计制作芒果汁瓶贴效果图。

七、知识巩固与提高

1. 变形工具可伸展或拉动一个对象的某些区域，以形成液化扭曲的效果。使用该工具在对象（　　）拖动，可使对象发生膨胀推动变形；在对象（　　）拖动，则可使对象发生凹陷推动变形。

A. 内部向外　　B. 外部向内　　C. 右侧向左　　D. 左侧向右

2. 使用旋转扭曲工具进行扭曲时，按住鼠标（　　）的时间越长，扭曲的程度越强。

A. 拖动　　B. 右键　　C. 单击　　D. 左键

3. 扇贝工具产生（　　）的弯曲，而晶格化工具产生（　　）的尖锐凸起。

A. 外部　　B. 内部　　C. 向内　　D. 向外

4. 使用皱褶工具在对象上按住鼠标左键或按住鼠标左键拖动，相应的图形（　　）即会发生皱褶变形。

A. 边缘　　B. 中心　　C. 上部　　D. 下部

5.（　　）可以擦除图形的局部；（　　）可以将一条路径、图形框架或空文本框架修剪为两条或多条路径；（　　）可以将一个对象以任意的分割线划分为各个机构部分的表面，其分割的方式可以非常随意，以光标移动的位置进行切割。

A. 橡皮擦工具　　B. 剪刀工具　　C. 刻刀　　D. 分割对象

实训任务 2　制作柠檬片包装

一、实训情境

某广告公司的设计师接受了一项设计任务：制作柠檬片包装。该任务要求设计师在 90 min 内应用 Illustrator 2021 软件进行平面设计与制作，得到如图 5-2-1 所示的最终效果图。

图 5-2-1　柠檬片包装效果图

二、实训分析

要完成本实训任务，应按照图 5-2-2 所示的思维导图复习教材中的知识点。

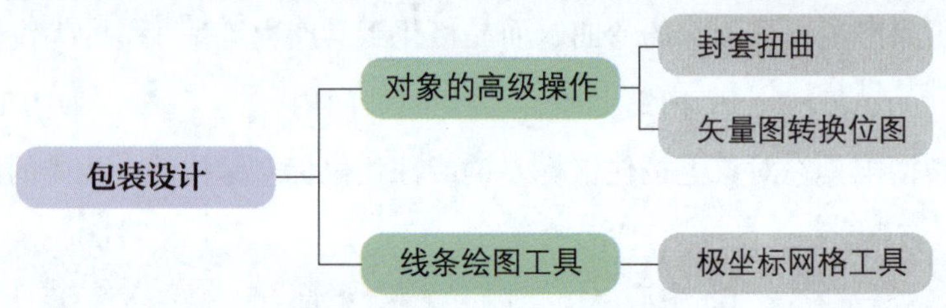

图 5-2-2　教材内容复习思维导图

为完成本实训任务，需使用封套扭曲命令、极坐标网格工具等进行图形设计与制作。在完成任务的过程中，应注意掌握混合工具、椭圆工具、剪切蒙版的使用方法与技巧。

三、实训计划制订

根据任务分析，制订完成本任务的实训计划，见表 5-2-1。

表 5-2-1　实训计划

序号	工作内容	所需时间

续表

序号	工作内容	所需时间

四、操作步骤提示

参照表 5-2-2 所列的主要操作步骤和操作要点，完成柠檬片包装的制作。

表 5-2-2 操作步骤提示

操作步骤	操作要点
绘制柠檬片轮廓	使用极坐标网格工具单击画板任意空白处，打开“极坐标网格工具”对话框，将宽度与高度调整为 185 mm，同心圆分隔线数量为 1，倾斜为 400%，其他数值为 0
	将绘制好的图形取消编组，选中外侧圆形，填充浅黄色到浅橘色的线性渐变，设置外侧圆形的描边粗细为 1 pt。打开“画笔”面板，单击“画笔”面板左下角的“画笔库菜单”按钮，在画笔库菜单中，执行“艺术效果”→“粉笔炭笔铅笔”，选择“Charcoal”
	选中外侧圆形，执行“对象”→“路径”→“轮廓化描边”命令。选择外侧圆形与轮廓化后的描边，执行“效果”→“路径查找器”→“合并”命令，填充为浅黄色到浅橘色的线性渐变
	选中内部圆形，填充色和描边色均设置为白色到淡黄色的线性渐变，描边粗细为 1 pt。打开“画笔”面板，单击“画笔”面板左下角的“画笔库菜单”按钮，在画笔库菜单中执行“艺术效果”→“粉笔炭笔铅笔”，选择“Charcoal”。随后执行“对象”→“路径”→“轮廓化描边”命令。选择内侧圆形与轮廓化后的描边，执行“效果”→“路径查找器”→“合并”命令，填充为白色到淡黄色的线性渐变

续表

操作步骤	操作要点
绘制果瓣细节	使用钢笔工具绘制果瓣，填充为浅黄色到浅橘色的线性渐变，阴影部分填充为深黄色 
	使用钢笔工具绘制果粒，填充为浅黄色到浅橘色的径向渐变，不透明度为 80% 
	将果粒放置在果瓣的合适位置，使用褶皱工具依次为果粒添加褶皱 
制作完整柠檬片	将果瓣与果粒编组，选择旋转工具，按住“Alt”键将中心点放置在圆形中心位置，在弹出的“旋转”对话框中设置角度为 45° 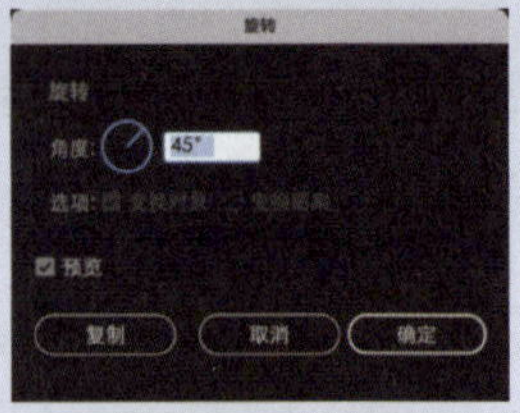
	按“Ctrl+D”组合键继续复制多个果瓣。 使用椭圆工具绘制宽度和高度均为 93 mm 的圆形，描边粗细为 1 pt。在画笔库菜单中执行“艺术效果”→“粉笔炭笔铅笔”，选择“Charcoal”，将圆环与柠檬中心对齐。执行“对象”→“路径”→“轮廓化描边”命令，填充为浅黄色到浅橘色的线性渐变 
绘制水滴	使用椭圆工具绘制宽度为 8.5 mm、高度为 11 mm 的椭圆形，填充为白色到浅黄色再到浅橘色的径向渐变 

续表

操作步骤	操作要点
绘制水滴	制作水滴透明部分，原位复制椭圆形，填充为由黑色到白色再到白色的径向渐变，渐变滑块的位置从左到右依次为 0%、90%、100%，渐变参数设置如右图所示 
	选中两个椭圆形，执行“窗口”→“外观”，打开“外观”对话框，单击“外观”对话框中的“不透明度”，单击“制作蒙版” 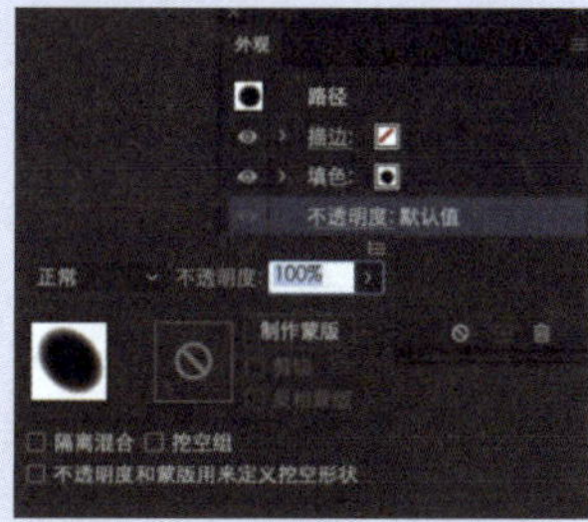 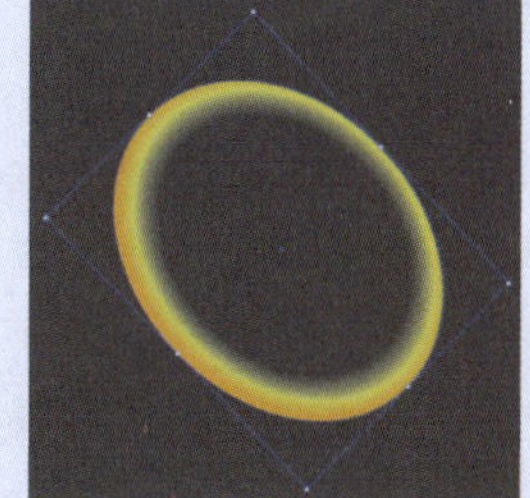
绘制水滴高光	使用钢笔工具绘制两个白色高光。 将大高光的不透明度降低为 0%，将小高光放置在大高光上方，双击“混合工具”，间距调整为“指定的步数”，步数为 25。 将高光放在水滴的合适位置  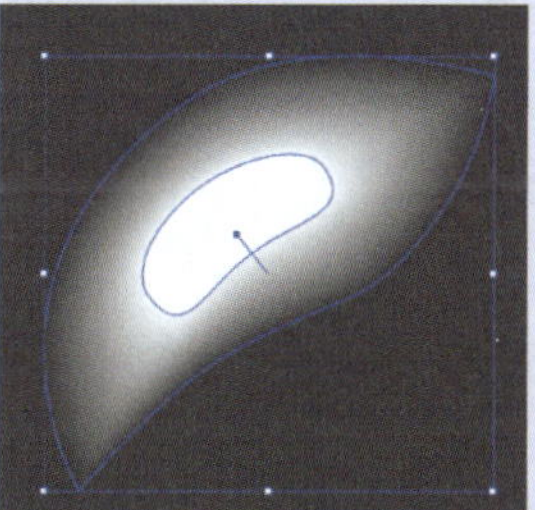 
	使用椭圆工具绘制宽度为 2.1 mm、高度为 1.2 mm 的白色椭圆形。原位复制椭圆形，填充为白色到黑色的径向渐变，渐变参数设置如右图所示 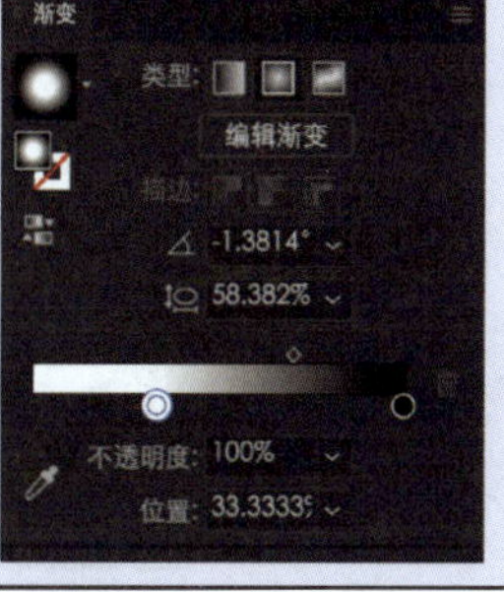

续表

操作步骤	操作要点
绘制水滴高光	选中两个椭圆形，执行“窗口”→“外观”命令，打开“外观”对话框，单击“外观”对话框中的“不透明度”，单击“制作蒙版” 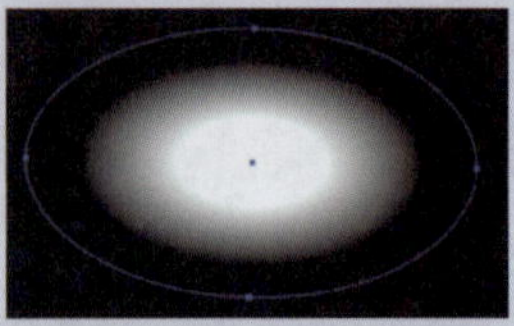
	将图形放置在合适位置 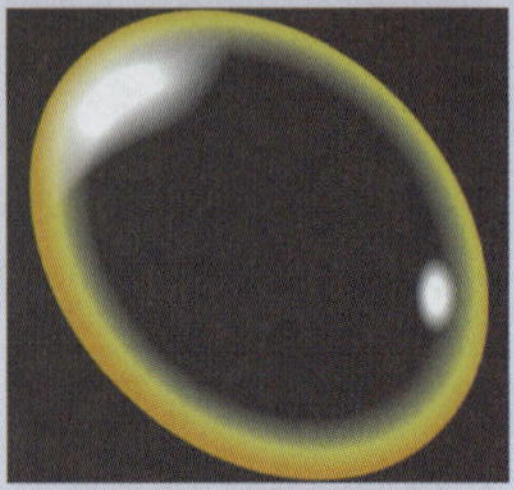
绘制水滴投影	使用椭圆工具绘制宽度为 4.2 mm、高度为 5.3 mm 的椭圆形，填充为深灰色。继续绘制宽度为 7.2 mm、高度为 9.1 mm 的椭圆形，填充为深灰色。将小椭圆放置在大椭圆上方，双击“混合工具”，间距调整为“指定的步数”，步数为 25 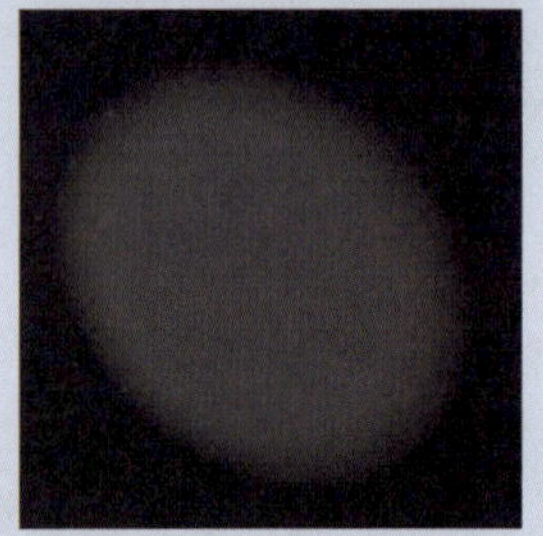
	使用矩形工具绘制一个宽度和高度均为 10 mm 的正方形，再绘制一个与水滴大小一致的椭圆形，放置在矩形上方 
	选中所有对象，执行“建立剪切蒙版”命令，随后旋转 45°。将制作好的投影放置在矩形合适位置。 再次执行“建立剪切蒙版”命令。 将水滴和投影进行组合 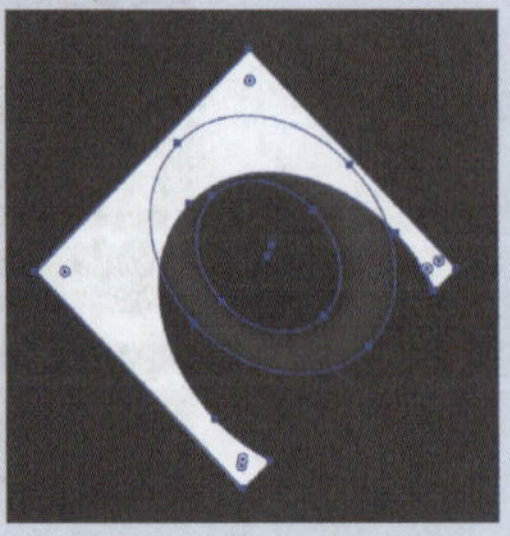 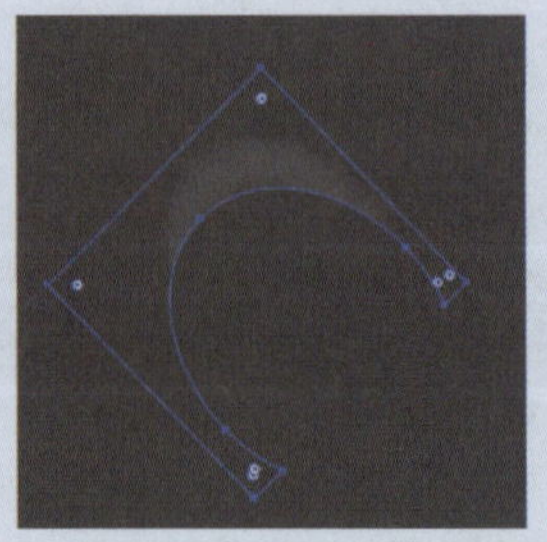 

续表

操作步骤	操作要点
组合水滴和柠檬片	将绘制好的水滴进行编组，随后复制多个。调整每颗水滴大小，随机分布在柠檬上方和周围 
包装背景制作	打开素材“底纹.ai”文件，使用矩形工具绘制宽度为180 mm、高度为250 mm的白色矩形。执行“建立剪切蒙版”命令。 使用矩形工具绘制宽度为180 mm、高度为70 mm的矩形，填充为浅黄色到浅橘色的线性渐变，放置在合适位置
添加标题	打开素材“标题.ai”文件，放置在合适位置。 使用文字工具输入“RIPE FRESH”，设置字体为“微软雅黑”，字体大小为18 pt，填充为橙色，放置在左上角 
添加柠檬	将绘制好的柠檬片放置在合适位置，调整大小
添加文案	使用圆角矩形工具绘制四个宽度为35 mm、高度为9.5 mm、圆角半径为4.5 mm的圆角矩形，填充为棕色。使用文字工具分别输入文字“酸甜可口”“新鲜果片”“精挑细选”“美味果茶”，设置字体为“微软雅黑”，字体大小为13 pt，填充为橙色。 使用圆角矩形工具绘制宽度为28 mm、高度为7 mm、圆角半径为3.5 mm的圆角矩形，放置于左下角。使用文字工具输入文字“净含量：150 g”，设置字体为“微软雅黑”，字体大小为10 pt，填充为橙色，放置在圆角矩形上方 

续表

操作步骤	操作要点
添加文案	使用矩形工具绘制宽度为 180 mm、高度为 250 mm 的矩形。选中所有对象，执行“建立剪切蒙版”命令，完成包装正面图的绘制
制作效果图	新建宽度为 170 mm、高度为 230 mm 的文档。置入素材“效果图.jpg”文件。将制作好的包装正面图复制到文档中。使用钢笔工具，绘制出贴图区域
	选择包装正面图，执行“对象”→“删格化”命令，将其转换为位图
	将贴图区域置于顶层，选择正面图与贴图区域，执行“对象”→“封套扭曲”→“用顶层对象建立”命令，调整混合模式为“正片叠底”，完成制作

五、实训评价

任务完成后，学生展示作品并分享完成任务过程中的心得体会。展示结束后，从工具使用、软件操作、作品效果、成果展示等方面对该实训任务进行评价，可采用学生自评、学生互评、教师评价相结合的多元评价方式，见表 5–2–3。

表 5–2–3　实训评价

序号	评价要求	学生自评（占比 30%）	学生互评（占比 30%）	教师评价（占比 40%）
1	对实训任务的分析准确到位（20 分）			
2	软件运用熟练、操作得当（20 分）			
3	能熟练使用封套扭曲及矢量图转换位图命令（30 分）			

续表

序号	评价要求	学生自评（占比 30%）	学生互评（占比 30%）	教师评价（占比 40%）
4	最终效果图的版式及构图合理（20 分）			
5	展示及作品解说效果（10 分）			
综合得分				

六、实训拓展

1. 使用 Illustrator 2021 软件设计制作芒果干包装平面图。

2. 使用 Illustrator 2021 软件设计制作芒果干包装效果图。

七、知识巩固与提高

1. 执行“封套扭曲”→“用变形建立”命令可以将选定的（　　）对象，按照设置的样式类型进行变形。

A. 一个或多个　　B. 两个　　C. 多个　　D. 单个

2. 执行“封套扭曲”→“用顶层对象建立”命令变形对象，需要同时选择多个对象，然后根据上层对象的（　　）、（　　）和（　　），变换底层的图形形状。

A. 形状　　B. 大小　　C. 位置　　D. 色彩

3. 矢量对象能够通过（　　）命令转换为位图。

A. 合并　　B. 选择　　C. 效果　　D. 栅格化

4. 拖动鼠标的同时按住“(　　)”键，可以定义绘制的极坐标网格为圆形网格。

A. Alt　　B. Ctrl　　C. Shift　　D. Enter

5. 极坐标网格工具中，拖动鼠标的同时按“↑”或“↓”键，可以调整（　　）的数量，按“←”或“→”键可以调整（　　）的数量。

A. 竖线　　B. 横线　　C. 经线　　D. 纬线

实训任务 3　制作柠檬礼盒包装

一、实训情境

某广告公司的设计师接受了一项设计任务：制作柠檬礼盒包装。该任务要求设计师在 90 min 内应用 Illustrator 2021 软件进行平面设计与制作，得到如图 5-3-1 所示的平面展开图和如图 5-3-2 所示的立体效果图。

图 5-3-1　柠檬礼盒包装平面展开图

图 5-3-2　柠檬礼盒包装立体效果图

二、实训分析

要完成本实训任务，应按照图 5-3-3 所示的思维导图复习教材中的知识点。

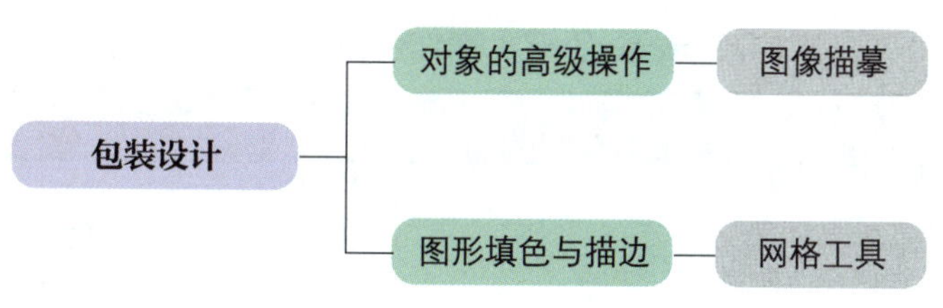

图 5-3-3　教材内容复习思维导图

为完成本实训任务，需使用网格工具、图像描摹命令等进行图形设计与制作。在完成任务的过程中，应注意掌握网格工具、自由变换工具的使用方法与技巧。

三、实训计划制订

根据任务分析，制订完成本任务的实训计划，见表 5-3-1。

表 5-3-1　实训计划

序号	工作内容	所需时间

四、操作步骤提示

参照表 5-3-2 所列的主要操作步骤和操作要点，完成柠檬礼盒包装的制作。

表 5-3-2　操作步骤提示

操作步骤	操作要点
绘制柠檬形状	使用钢笔工具绘制柠檬外轮廓，填充为黄色
绘制柠檬阴影和高光	使用椭圆工具分别绘制宽度和高度均为 140 mm 和 125 mm 的圆形，错位放置。执行“路径查找器”→“减去顶层”命令
	执行“对象”→“创建渐变网格”命令，将行数和列数都修改为 3，将第二行网格锚点从左至右分别调整为黄色、黄色、棕色、黄色，其他网格锚点的不透明度都调整为 0%。将其放置在柠檬上方
	使用钢笔工具绘制出高光轮廓，使用网格工具为其添加网格，将四周外轮廓锚点的不透明度调整为 0%，中心锚点颜色调整为浅黄色，将其放置在柠檬上方

续表

操作步骤	操作要点
绘制柠檬阴影和高光	复制柠檬外轮廓，将其调整到顶层，选中所有对象，执行“创建剪切蒙版”命令
置入素材	置入素材“斑点.jpg”文件，执行“窗口”→“图像描摹”命令，单击右下角“描摹”按钮，将预设调整为“高保真度照片”，单击控制栏中的“扩展”按钮，执行“取消编组”命令。随后使用选择工具删除白色背景
	将绘制好的斑点放置在柠檬上方。 置入素材“叶子.ai”文件，将叶子放置在合适位置
绘制半个柠檬	使用钢笔工具绘制出半个柠檬的外轮廓，填充为黄色
	使用钢笔工具绘制出阴影的外轮廓，使用网格工具为其添加网格，将第二列网格锚点从左至右分别调整为黄色、棕色、黄色

续表

操作步骤	操作要点
绘制半个柠檬	将阴影的外轮廓放置在半个柠檬的合适位置，复制柠檬的外轮廓，放置在阴影上方，执行“创建剪切蒙版”命令。 使用实训任务 1 瓶贴设计中创建的散点画笔，应用在柠檬上，颜色随机填充为黄色与浅黄色，不透明度调整到 50%，复制柠檬的外轮廓，放置在散点上方。选中所有对象，执行“创建剪切蒙版”命令，将其放置在柠檬上方 
	置入素材“柠檬 .ai”文件，放置在合适位置
组合柠檬	复制实训任务 1 瓶贴设计中绘制好的柠檬瓣，与完整柠檬、半个柠檬进行组合 
制作刀模展开图	置入素材“刀模 .ai”和“底纹 .ai”文件。使用矩形工具绘制一个与刀模展开图的正面、背面和侧面相同大小的矩形。选中矩形和底纹素材，执行“创建剪切蒙版”命令，放置在合适位置 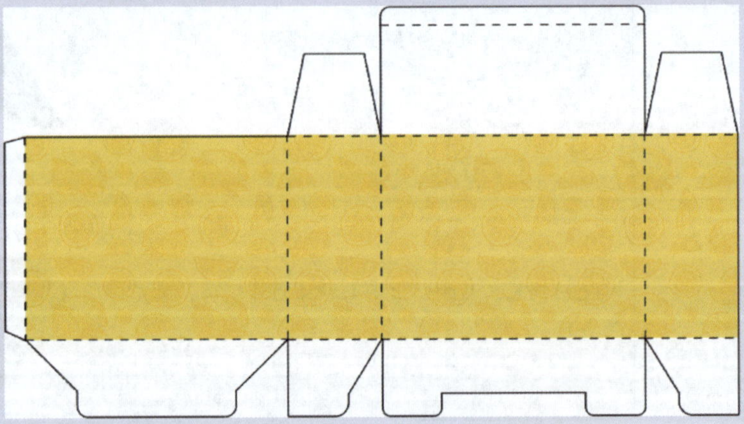
制作正面	使用矩形工具绘制宽度为 48 mm、高度为 105 mm 的矩形，放置在正面 

续表

操作步骤	操作要点
制作正面	使用矩形工具绘制宽度为 140 mm、高度为 105 mm 的矩形，将柠檬组放置在矩形下方，选中两个对象，执行“创建剪切蒙版”命令。 打开“封套文字 .ai”文件，将其放置在合适位置 
制作背面	复制正面的文字与图形元素，粘贴到背面 
制作侧面	打开素材“文案 .docx”文件，按下图所示排列段落文字，设置字体为“思源黑体”，字体大小为 5 pt，字体颜色为棕色。 置入素材“侧面 .ai”文件，按下图所示放置在合适位置 
排列标题文字	复制主标题与副标题文字组合，进行 180° 旋转，放置到顶面 

续表

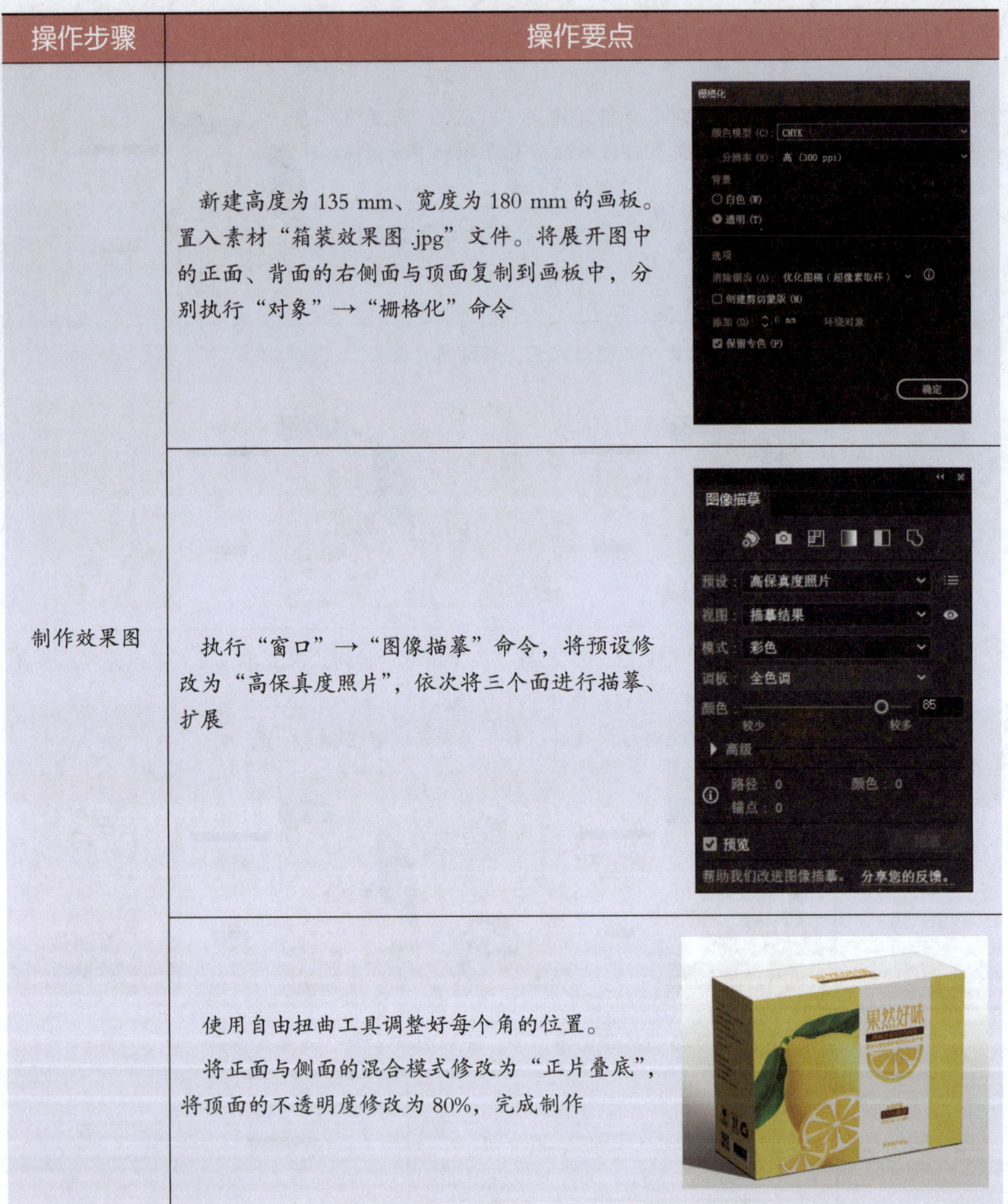

操作步骤	操作要点
制作效果图	新建高度为 135 mm、宽度为 180 mm 的画板。置入素材“箱装效果图 .jpg”文件。将展开图中的正面、背面的右侧面与顶面复制到画板中，分别执行“对象”→“栅格化”命令
	执行“窗口”→“图像描摹”命令，将预设修改为“高保真度照片”，依次将三个面进行描摹、扩展
	使用自由扭曲工具调整好每个角的位置。 将正面与侧面的混合模式修改为“正片叠底”，将顶面的不透明度修改为 80%，完成制作

五、实训评价

任务完成后，学生展示作品并分享完成任务过程中的心得体会。展示结束后，从工具使用、软件操作、作品效果、成果展示等方面对该实训任务进行评价，可采用学生自评、学生互评、教师评价相结合的多元评价方式，见表 5–3–3。

表 5-3-3　实训评价

序号	评价要求	学生自评（占比 30%）	学生互评（占比 30%）	教师评价（占比 40%）
1	对实训任务的分析准确到位（20 分）			
2	软件运用熟练、操作得当（20 分）			
3	能熟练使用图像描摹、网格工具（30 分）			
4	最终效果图的版式及构图合理（20 分）			
5	展示及作品解说效果（10 分）			
综合得分				

六、实训拓展

1. 使用 Illustrator 2021 软件设计制作鲜芒果礼盒平面展开图。

2. 使用 Illustrator 2021 软件设计制作鲜芒果礼盒立体效果图。

七、知识巩固与提高

1. 利用图像描摹功能可将位图转换为（　　）。

A. 矢量图　　B. 线稿图　　C. 黑白图　　D. PNG 图

2. 执行“图像描摹”→“扩展”命令，扩展后的对象为（　　）。

A. 单个对象　　B. 编组对象　　C. 多个对象　　D. 两个对象

3. 被描摹对象在未扩展之前，执行“（　　）”命令可以放弃描摹，使之恢复到位图状态。

A. 编组　　B. 描摹　　C. 释放　　D. 扩展

4. 网格工具不仅可以进行复杂的颜色设置，还能够更改（　　）。

A. 图形的数量　　B. 图形的大小　　C. 图形的轮廓　　D. 图形的外形

5. 将鼠标指针移动至网格点上方，按住（　　），鼠标指针变为形状后单击即可删除网格点；选中网格点后按“Delete”键，也可以删除网格点。

A.“Ctrl”键　　B.“Shift”键　　C.“Alt”键　　D.“Enter”键

项目六
产品设计

实训任务 1　制作洗面奶产品图

一、实训情境

某广告公司的设计师接受了一项设计任务：制作洗面奶产品图。该任务要求设计师在 90 min 内应用 Illustrator 2021 软件进行平面设计与制作，得到如图 6–1–1 所示的最终效果图。

图 6–1–1　洗面奶产品效果图

二、实训分析

要完成本实训任务，应按照图 6–1–2 所示的思维导图复习教材中的知识点。

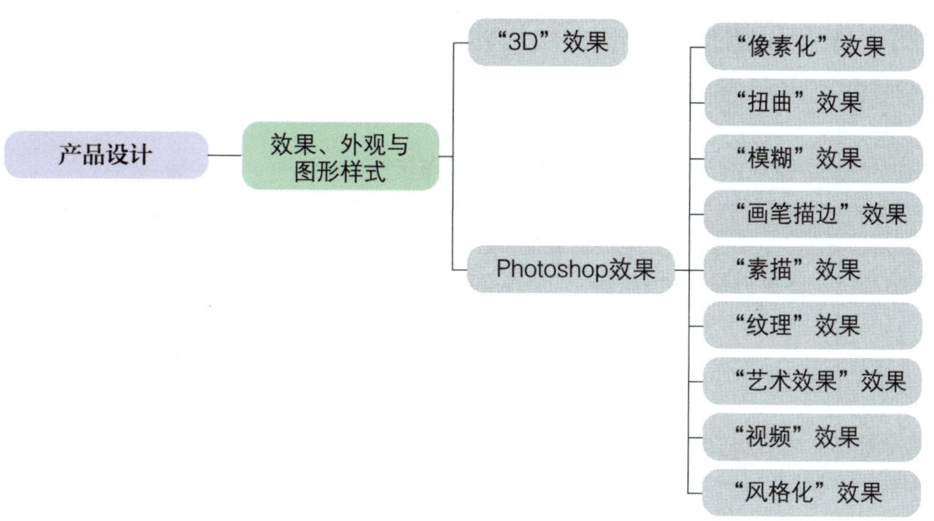

图 6-1-2　教材内容复习思维导图

为完成本实训任务，需使用"3D"效果、"模糊"效果进行制作。在完成任务的过程中，应注意掌握钢笔工具、矩形工具、剪切蒙版、"路径查找器"面板的使用方法与技巧。

三、实训计划制订

根据任务分析，制订完成本任务的实训计划，见表 6-1-1。

表 6-1-1　实训计划

序号	工作内容	所需时间

四、操作步骤提示

参照表 6-1-2 所列的主要操作步骤和操作要点，完成洗面奶产品图的制作。

表 6-1-2 操作步骤提示

操作步骤	操作要点
绘制瓶身	使用钢笔工具绘制瓶身，填充为白色到浅蓝色的线性渐变
绘制瓶身阴影	使用钢笔工具绘制瓶身阴影，填充为深蓝色，执行“效果”→“模糊”→“高斯模糊”命令，数值为 85 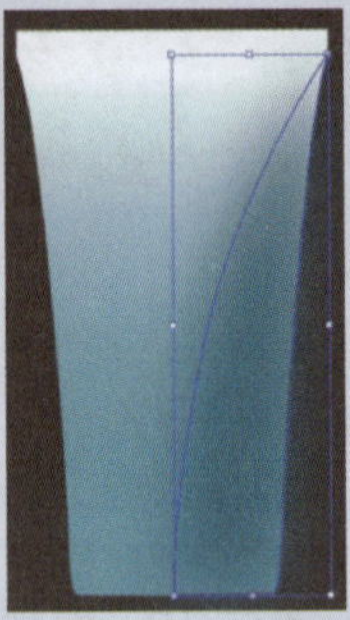
绘制瓶身反光	使用钢笔工具绘制右侧反光，填充为浅蓝色。执行“效果”→“模糊”→“高斯模糊”命令，数值为 35 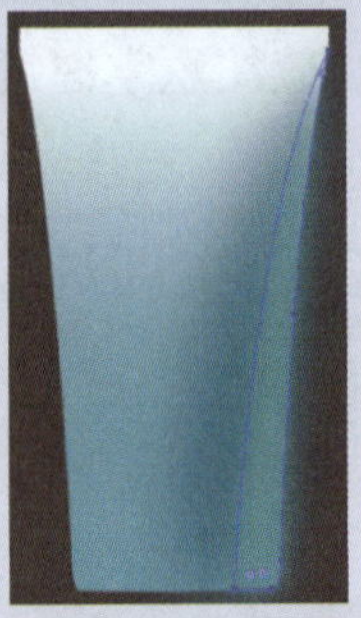
绘制瓶身高光	使用钢笔工具绘制高光，填充为白色。执行“效果”→“模糊”→“高斯模糊”命令，数值为 20 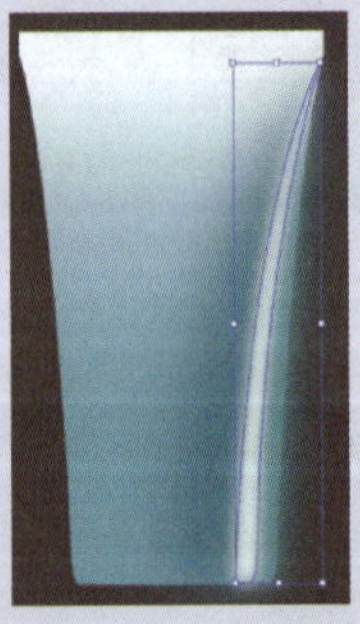
绘制瓶身左侧反光	使用钢笔工具绘制左侧反光，填充为白色。执行“效果”→“模糊”→“高斯模糊”命令，数值为 58 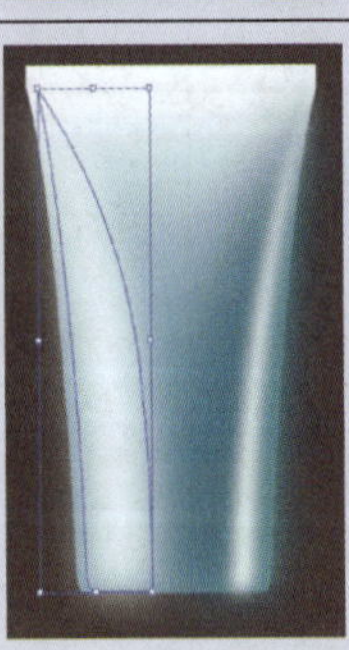

续表

操作步骤	操作要点
绘制瓶身底部阴影	使用钢笔工具绘制瓶身底部阴影，填充为不透明度为 100% 的深蓝色到不透明度为 0% 的浅蓝色的线性渐变 
	将最开始绘制的瓶身形状复制到顶层，选中绘制好的全部图形，执行“建立剪切蒙版”命令 
绘制瓶身顶部细节	使用矩形工具绘制瓶身顶部压痕，填充为深灰色到白色的线性渐变。 绘制压痕投影，使用矩形工具绘制宽度为 74 mm、高度为 0.31 mm 的矩形，填充为深灰色，并执行“效果”→“风格化”→“投影”命令，放置于压痕的下方
	绘制压痕褶皱，使用矩形工具绘制一个宽度为 0.25 mm、高度为 4.27 mm 的矩形，填充为白色到深灰色的线性渐变，保持间距为 1.58 mm，复制 37 个同样的矩形。选中全部褶皱，执行“效果”→“3D”→“绕转”命令 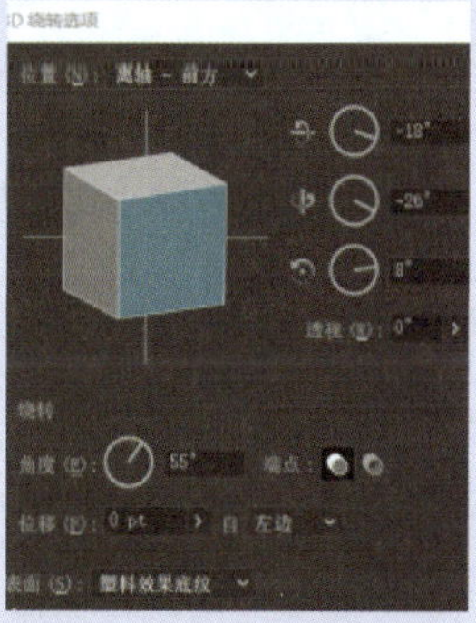 
绘制瓶盖	使用钢笔工具绘制瓶盖形状，填充为蓝色。选中图形，执行“效果”→“路径查找器”→“联集”命令。 使用钢笔工具绘制开盖处，线条填充为灰色，描边粗细为 1 pt，复制出线条作为阴影，填充为深蓝色 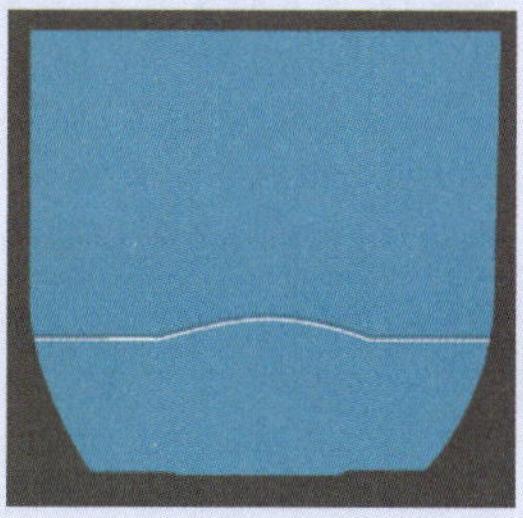

续表

操作步骤	操作要点
绘制瓶盖	使用钢笔工具绘制立体效果形状，填充为白色到不透明度为 0% 的蓝色再到深蓝色的线性渐变
绘制瓶盖开口处	使用矩形工具绘制瓶盖开口处，创建一个宽度为 21 mm、高度为 10 mm 的矩形，填充为蓝色到深蓝色再到蓝色的线性渐变。使用直接选择工具选择矩形顶端的两个锚点，按右图所示调整形状，将两个圆角控制点设置边角半径为 2 mm。使用锚点工具选择矩形最下方的边缘线从中心点的位置垂直向上拖拽，完成最终效果
	使用钢笔工具绘制开口立体感形状，填充为蓝色，执行“效果”→“模糊”→“高斯模糊”命令，数值为 2
	使用钢笔工具绘制开口亮面，填充为青色，执行“效果”→“模糊”→“高斯模糊”命令，数值为 8
	为开口形状添加粗细为 1 pt 的描边，填充为深蓝色
	将开口处和瓶盖组合

续表

<table>
<tr><th>操作步骤</th><th>操作要点</th></tr>
<tr><td rowspan="2">绘制瓶盖高光</td><td>使用钢笔工具绘制瓶盖左侧高光形状，填充为不透明度为100%的白色到不透明度为0%的白色的线性渐变
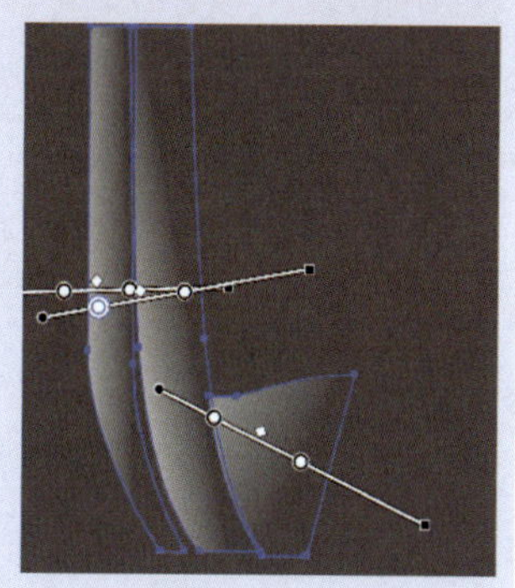</td></tr>
<tr><td>使用钢笔工具绘制右侧高光。第一个颜色填充为不透明度为100%的白色到不透明度为0%的白色的线性渐变。第二个颜色填充为不透明度为100%的浅蓝色到不透明度为50%的浅蓝色的线性渐变。
将两组高光和瓶盖进行组合。
将绘制好的图形依次组合，放置在瓶颈处
 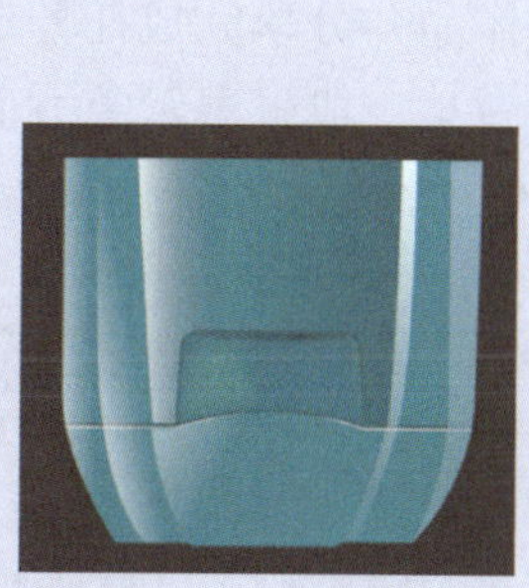 </td></tr>
<tr><td rowspan="2">添加文案</td><td>使用文字工具输入文字“MILDY”，字体为“思源宋体”，执行“对象”→“扩展”命令

</td></tr>
<tr><td>文字填充为黑色到白色的线性渐变，并对文字执行“效果”→“3D”→“凸出和斜角”命令
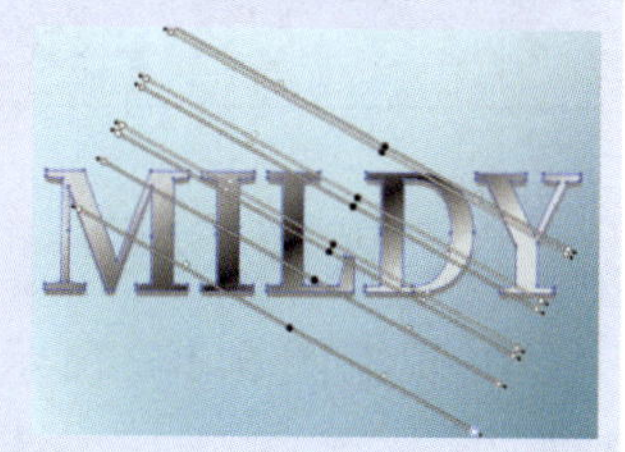
</td></tr>
</table>

续表

操作步骤	操作要点
添加文案	使用文字工具输入辅助文案“FACIAL CLEANSER”，字体为“思源宋体”
添加背景	使用矩形工具和渐变工具绘制一个高度为 210 mm、宽度为 297 mm 的矩形，填充为浅蓝色到深蓝色的径向渐变，放置于画板中央，调整图层顺序，完成制作

五、实训评价

任务完成后，学生展示作品并分享完成任务过程中的心得体会。展示结束后，从工具使用、软件操作、作品效果、成果展示等方面对该实训任务进行评价，可采用学生自评、学生互评、教师评价相结合的多元评价方式，见表 6–1–3。

表 6–1–3　实训评价

序号	评价要求	学生自评（占比 30%）	学生互评（占比 30%）	教师评价（占比 40%）
1	对实训任务的分析准确到位（20 分）			
2	软件运用熟练、操作得当（20 分）			
3	能熟练使用“3D”效果、“模糊”效果（30 分）			
4	最终效果图的版式及构图合理（20 分）			
5	展示及作品解说效果（10 分）			
综合得分				

六、实训拓展

1. 根据图 6–1–3 所示的洗面奶产品效果图，使用 Illustrator 2021 软件自主完成绘制。

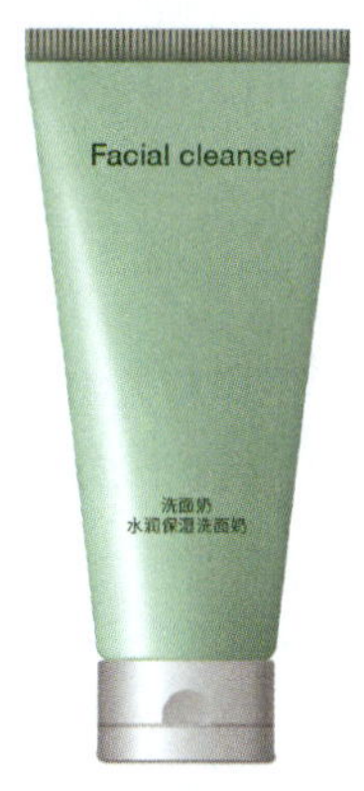

图 6-1-3　洗面奶产品效果图

2. 使用 Illustrator 2021 软件设计制作洗面奶产品的宣传背景图，并进行组合搭配。

七、知识巩固与提高

1. “3D”效果用于为对象创建 3D 立体外观效果。执行“效果”→“3D”命令，在弹出的子菜单中可选择（　　）、（　　）及（　　）命令。

A. “凸出和斜角”　　B. “绕转”

C. “扭曲”　　D. “旋转”

2. 执行“效果”→“3D”→“绕转”命令，“绕转”效果将对象旋转（　　）或以指定的角度创建立体图形。

A. 90°　　B. 180°　　C. 360°　　D. 45°

3. 执行“效果”→“3D”→“旋转”命令，“旋转”效果通过三维的透视旋转创建对象的（　　）。

A. 纵深感　　B. 方向感

C. 距离感　　D. 透视感

4. “像素化”效果能使图像中颜色相似的像素合并起来产生特殊的效果，包含（　　）。

A. 彩色半调　　B. 晶格化

C. 点状化　　D. 铜版雕刻

5. “模糊”效果可以（　　）相邻像素之间的对比度，使图像达到柔化的效果。

A. 削弱　　B. 淡化　　C. 增强　　D. 过渡

实训任务 2　制作爽肤水产品图

一、实训情境

某广告公司的设计师接受了一项设计任务：制作爽肤水产品图。该任务要求设计师在 90 min 内应用 Illustrator 2021 软件进行平面设计与制作，得到如图 6-2-1 所示的最终效果图。

图 6-2-1　爽肤水产品效果图

二、实训分析

要完成本实训任务，应按照图 6-2-2 所示的思维导图复习教材中的知识点。

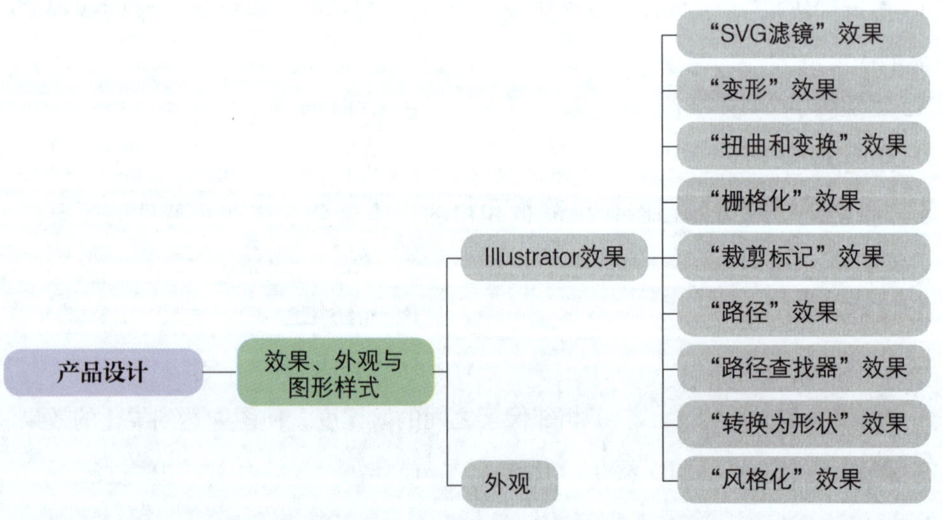

图 6-2-2　教材内容复习思维导图

在完成任务的过程中，应注意掌握矩形工具、钢笔工具的使用方法与技巧。为了更好地呈现产品质感，还需搭配使用“3D”效果、“模糊”效果和“像素化”效果等，对图形效果进一步优化。

三、实训计划制订

根据任务分析，制订完成本任务的实训计划，见表 6–2–1。

表 6–2–1　实训计划

序号	工作内容	所需时间

四、操作步骤提示

参照表 6–2–2 所列的主要操作步骤和操作要点，完成爽肤水产品图的绘制。

表 6–2–2　操作步骤提示

操作步骤	操作要点
绘制瓶身	使用钢笔工具绘制瓶身轮廓，填充为蓝色。 执行“效果”→“3D”→“突出与斜角”命令，为瓶身添加厚度。 使用钢笔工具沿瓶身绘制线条，内侧线条填充为浅蓝色，外侧线条填充为深蓝色，描边粗细为 1 pt

续表

操作步骤	操作要点
绘制瓶身	使用矩形工具绘制瓶身光影，右侧光影填充为淡蓝色，左侧光影填充为蓝色，无描边色。执行“效果”→“模糊”→“高斯模糊”命令，设置模糊数值为 83，调整大小和位置，按“Ctrl+C”组合键复制，按“Ctrl+F”组合键原位粘贴 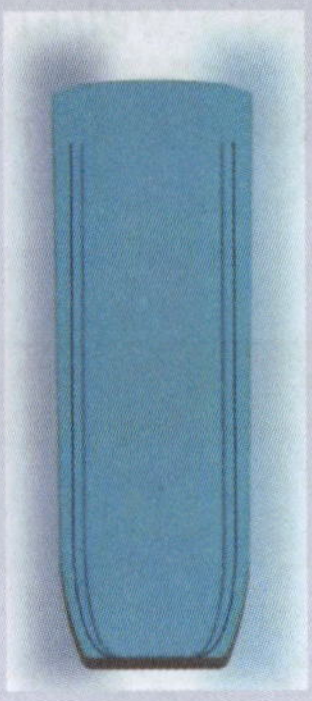
	选中瓶身和光影，执行“创建剪切蒙版”命令，不透明度调整为 43%，混合模式设置为“柔光” 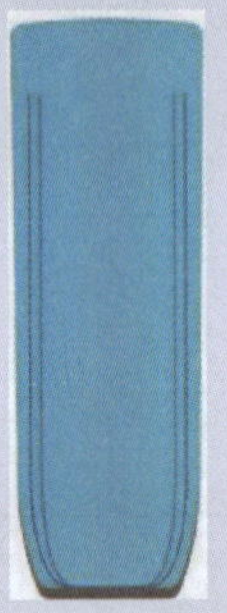
绘制瓶身高光	使用椭圆工具绘制白色圆形，执行“效果”→“变形”→“弧形”命令，弯曲数值调整为 50。使用钢笔工具绘制瓶身底部的色块 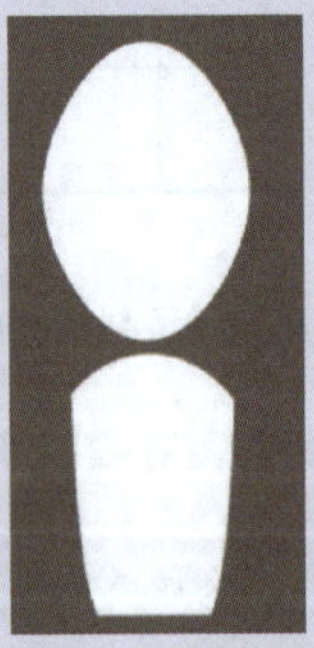
	执行“效果”→“模糊”→“高斯模糊”命令，对上面的图形进行模糊，模糊数值为 83，调整不透明度为 33%。下方色块填充为不透明度为 100% 的白色到不透明度为 0% 的白色的线性渐变，将高光的不透明度调整为 90% 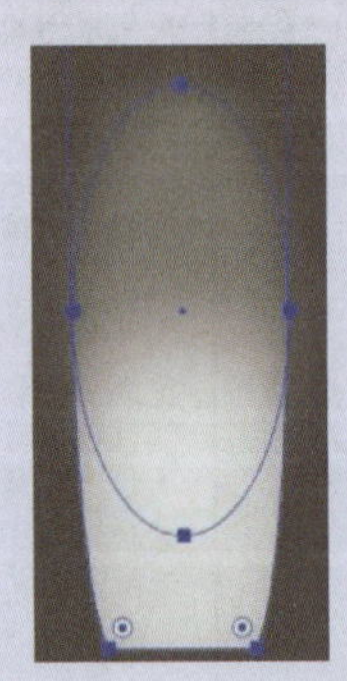

续表

操作步骤	操作要点
绘制瓶身高光	将高光放置于瓶身。 使用钢笔工具沿瓶身绘制两条白色色块，填充为不透明度为100%的白色至不透明度为0%的白色的线性渐变。将画好的高光与瓶身组合
绘制瓶底	使用钢笔工具绘制瓶底，填充为白色至淡蓝色的线性渐变。上方加入淡蓝色描边，设置不透明度为90%，羽化半径为20。 将瓶底放置于瓶身下方，调整大小和位置
绘制瓶身光影	使用钢笔工具绘制光影色块，填充为不透明度为100%的深蓝色至不透明度为0%的深蓝色的线性渐变
	对矩形执行“效果”→“模糊”→“高斯模糊”命令，数值为20，将光影放置于瓶身，调整至合适的位置

续表

操作步骤	操作要点
绘制瓶身光影	使用钢笔工具绘制瓶子外形，填充为淡蓝色到白色的线性渐变，不透明度调整为10%。将瓶子外形放置到瓶身上 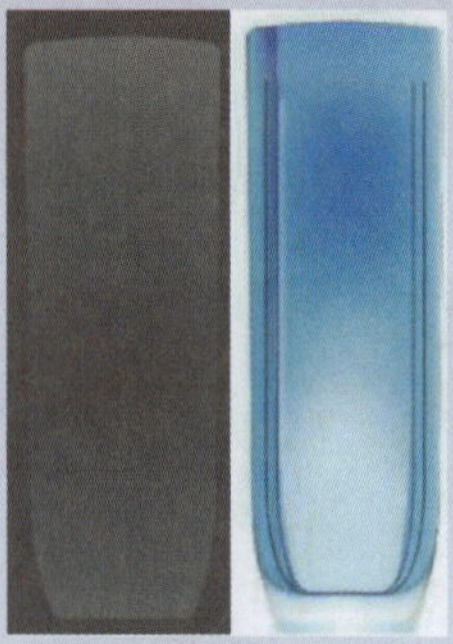
	使用钢笔工具沿瓶身上方绘制线条，填充为深蓝色，描边粗细为1 pt 
绘制瓶盖	使用钢笔工具绘制瓶盖，填充为灰白色到灰色的径向渐变。 使用钢笔工具绘制瓶盖高光，填充为不透明度为100%的白色至不透明度为0%的白色的线性渐变，不透明度调整至30%，高斯模糊数值为20。将绘制好的高光放置在瓶盖上 
	使用钢笔工具绘制瓶盖凹凸形状。中间图形填充为不透明度为100%的蓝黑色至不透明度为0%的蓝黑色的线性渐变。其两侧图形填充为黑色，执行“效果”→“模糊”→“高斯模糊”命令，数值为3。再外侧图形填充为不透明度为100%的黑色至不透明度为0%的黑色的线性渐变。最外侧图形填充为不透明度为100%的蓝灰色至不透明度为0%的蓝灰色的线性渐变。 对绘制好的瓶盖执行“效果”→“像素化”→“晶格化”命令，数值为3 
完善细节	导入素材“文字.png”文件。 将瓶身与瓶盖进行组合 

续表

操作步骤	操作要点
完善细节	对瓶盖执行“效果”→“艺术效果”命令，选择“胶片颗粒”，颗粒数值为 3，高光区域为 1，强度为 2
绘制背景	使用矩形工具绘制一个背景矩形，填充为深蓝色到淡蓝色再到浅蓝色的线性渐变，调整不透明度为 20%，完成制作

五、实训评价

任务完成后，学生展示作品并分享完成任务过程中的心得体会。展示结束后，从工具使用、软件操作、作品效果、成果展示等方面对该实训任务进行评价，可采用学生自评、学生互评、教师评价相结合的多元评价方式，见表 6-2-3。

表 6-2-3　实训评价

序号	评价要求	学生自评（占比 30%）	学生互评（占比 30%）	教师评价（占比 40%）
1	对实训任务的分析准确到位（20 分）			
2	软件运用熟练、操作得当（20 分）			
3	能熟练使用 Photoshop 效果（30 分）			
4	最终效果图的版式及构图合理（20 分）			
5	展示及作品解说效果（10 分）			
综合得分				

六、实训拓展

1. 根据图 6-2-3 所示的化妆水产品效果图，使用 Illustrator 2021 软件自主完成绘制。

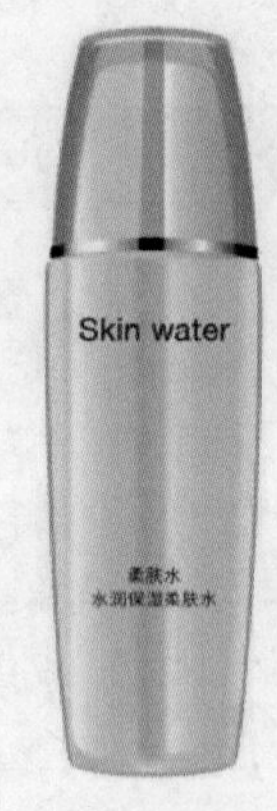

图 6-2-3 化妆水产品效果图

2. 使用 Illustrator 2021 软件设计制作化妆水产品的宣传背景图，并进行组合搭配。

七、知识巩固与提高

1. “变形”效果用于变形或扭曲对象，应用范围包括（　　）以及位图图像。

A. 路径　　B. 文本　　C. 网格　　D. 混合

2.（　　）效果用于将对象转换为位图图像，但不改变对象的矢量结构。

A. “模糊”　　B. “栅格化”

C. “变形”　　D. “像素化”

3. 使用“路径查找器”面板中的命令时，首先要将（　　），否则命令不会起作用。

A. 对象进行扩展　　B. 对象进行合并

C. 对象进行编组　　D. 对象进行取消编组

4. 在需要调整的外观属性项目上（　　），可以调整堆叠顺序，同时更改对象的效果。

A. 按住鼠标左键向上或向下拖动　　B. 长按鼠标左键

C. 双击鼠标左键　　D. 单击鼠标右键

5. 复制外观属性的常用方法有两种：一种是通过拖动复制外观属性，另一种是使用（　　）复制外观属性。

A. 剪刀工具　　B. 选择工具

C. 网格工具　　D. 吸管工具

实训任务 3　制作护肤产品宣传图

一、实训情境

某广告公司的设计师接受了一项设计任务：制作护肤产品宣传图。该任务要求设计师在 90 min 内应用 Illustrator 2021 软件进行平面设计与制作，得到如图 6-3-1 所示的最终效果图。

图 6-3-1　护肤产品宣传效果图

二、实训分析

要完成本实训任务，应按照图 6-3-2 所示的思维导图复习教材中的知识点。

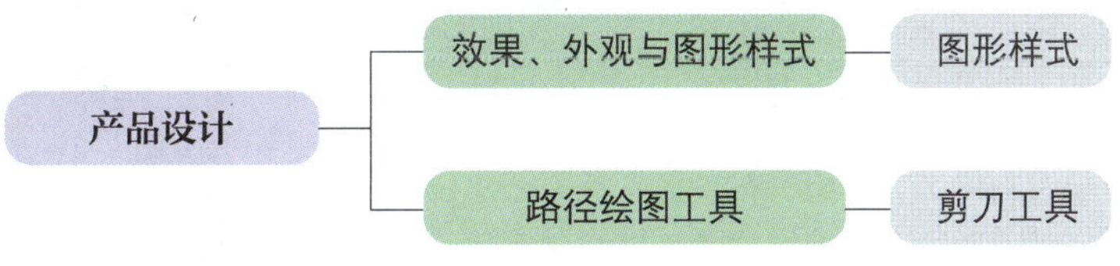

图 6-3-2　教材内容复习思维导图

在完成任务的过程中，应注意掌握网格工具、椭圆工具和图形样式的使用方法与技巧。

三、实训计划制订

根据任务分析，制订完成本任务的实训计划，见表 6-3-1。

表 6-3-1　实训计划

序号	工作内容	所需时间

续表

序号	工作内容	所需时间

四、操作步骤提示

参照表 6-3-2 所列的主要操作步骤和操作要点，完成护肤产品宣传图的制作。

表 6-3-2　操作步骤提示

操作步骤	操作要点
绘制水珠	使用椭圆工具绘制一个宽度和高度均为 13 mm 的圆形，填充为灰色。使用网格工具在圆形中添加四个节点，将第二排中间两个节点与最下方中间两个节点颜色修改为白色，不透明度为 0%
	执行“效果”→“风格化”→“投影”命令，参数设置如下：混合模式为“正片叠底”、不透明度为 70%、X 位移为 0.5、Y 位移为 1、模糊为 0.7。 使用椭圆工具绘制一个宽度为 3 mm、高度为 4 mm 的椭圆形，放置到刚刚画的圆形上方位置

续表

操作步骤	操作要点
绘制水珠	执行“效果”→“模糊”→“高斯模糊”命令，设置数值为 10 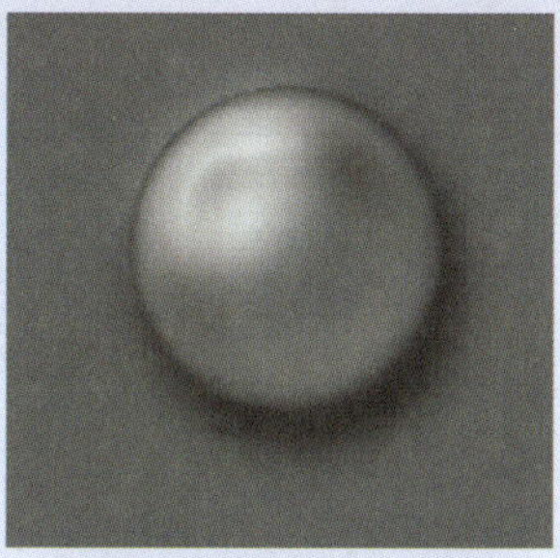
放置水珠	将水珠的混合模式设置为“叠加”。 打开“实训任务 1”绘制的洗面奶产品图，将产品进行旋转，并将水滴放置在洗面奶产品图上，随后复制多个水滴，调整到合适大小 
放置水珠	打开“实训任务 2”绘制的爽肤水产品图，将产品进行旋转，并将水滴放置在爽肤水产品图上，随后复制多个水滴，调整到合适大小 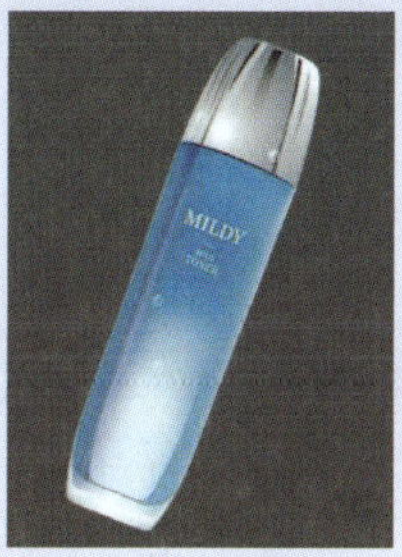
绘制背景石板	使用矩形工具绘制宽度为 170 mm、高度为 202 mm 的矩形。使用直接选择工具选择矩形右下方的锚点，向内拖动 60 mm，填充为白色。 导入素材“大理石 .png”文件，将刚刚绘制好的白色色块置于顶部，复制粘贴一份白色色块，选中素材与白色色块，执行“建立剪切蒙版”命令，然后使用钢笔工具绘制一个与石板相同倾斜角度的线条，描边粗细为 8 pt，填充为浅灰色 
绘制背景石板	对刚刚绘制的线条，执行“视图”→“3D”→“突出与斜角”命令，参数设置如右图所示 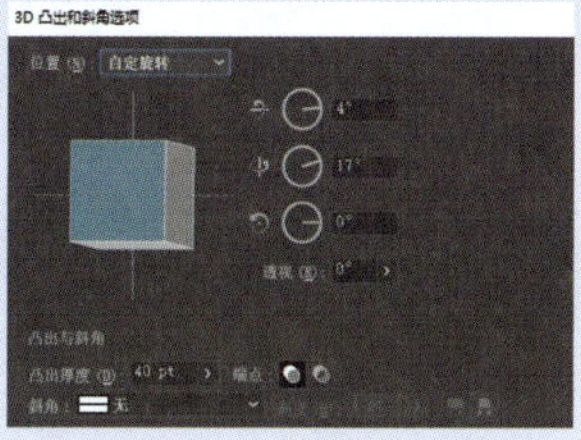

续表

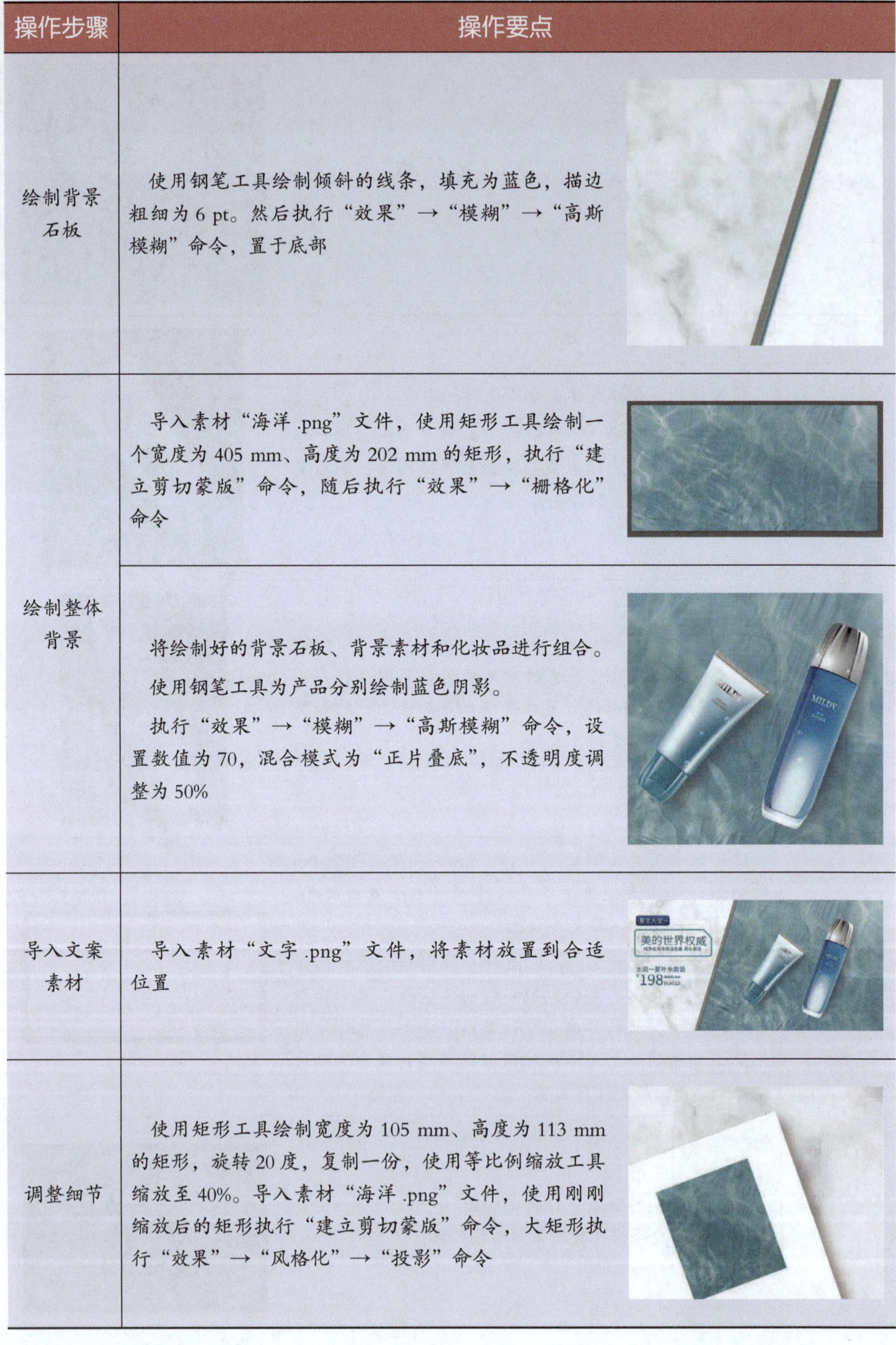

操作步骤	操作要点
绘制背景石板	使用钢笔工具绘制倾斜的线条，填充为蓝色，描边粗细为 6 pt。然后执行“效果”→“模糊”→“高斯模糊”命令，置于底部
绘制整体背景	导入素材“海洋 .png”文件，使用矩形工具绘制一个宽度为 405 mm、高度为 202 mm 的矩形，执行“建立剪切蒙版”命令，随后执行“效果”→“栅格化”命令
	将绘制好的背景石板、背景素材和化妆品进行组合。 使用钢笔工具为产品分别绘制蓝色阴影。 执行“效果”→“模糊”→“高斯模糊”命令，设置数值为 70，混合模式为“正片叠底”，不透明度调整为 50%
导入文案素材	导入素材“文字 .png”文件，将素材放置到合适位置
调整细节	使用矩形工具绘制宽度为 105 mm、高度为 113 mm 的矩形，旋转 20 度，复制一份，使用等比例缩放工具缩放至 40%。导入素材“海洋 .png”文件，使用刚刚缩放后的矩形执行“建立剪切蒙版”命令，大矩形执行“效果”→“风格化”→“投影”命令

续表

操作步骤	操作要点
调整细节	将刚刚绘制的两个矩形放置到背景图上。 使用矩形工具绘制一个与背景相同大小的矩形，选中所有图形，执行“建立剪切蒙版”命令
	使用矩形工具创建一个和背景相同大小的矩形放置在背景上，执行“窗口”→“图形样式”→“图形样式库菜单”命令，选择“照亮样式”，选择其中的“照亮水绿色”，混合模式为“柔光”，完成制作

五、实训评价

任务完成后，学生展示作品并分享完成任务过程中的心得体会。展示结束后，从工具使用、软件操作、作品效果、成果展示等方面对该实训任务进行评价，可采用学生自评、学生互评、教师评价相结合的多元评价方式，见表 6–3–3。

表 6–3–3 实训评价

序号	评价要求	学生自评（占比 30%）	学生互评（占比 30%）	教师评价（占比 40%）
1	对实训任务的分析准确到位（20 分）			
2	软件运用熟练、操作得当（20 分）			
3	能熟练使用图形样式、网格工具（30 分）			
4	最终效果图的版式及构图合理（20 分）			
5	展示及作品解说效果（10 分）			
综合得分				

六、实训拓展

1. 根据图 6–3–3 所示的护肤产品宣传效果图，使用 Illustrator 2021 软件自主完成绘制。

图 6-3-3　护肤产品宣传效果图

2. 使用 Illustrator 2021 软件设计制作该系列乳液产品宣传图。

七、知识巩固与提高

1. 图形样式是指一系列已经设置好的（　　），可供用户快速赋予所选对象，而且可以反复使用。

A. 外观属性　　B. 形状　　C. 路径　　D. 色彩模式

2. 剪刀工具用于（　　）。

A. 修剪形状　　B. 修剪路径　　C. 修剪大小　　D. 修剪线段

3. 使用剪刀工具在绘制的（　　）上单击，即可创建断点。

A. 线段　　B. 图形　　C. 路径　　D. 锚点

4. 执行“窗口”→“图形样式”命令，打开“图形样式”面板。在这里不仅可以（　　），还可以（　　）或对（　　）。

A. 选择样式进行使用　　B. 创建新的样式

C. 已有的样式进行编辑　　D. 样式进行分组

5. 使用图形样式功能可以快速为文档中的对象赋予某种特殊效果，而且可以保证（　　）的样式是完全相同的。

A. 单个对象　　B. 操作对象　　C. 多个对象　　D. 大量对象

项目七
招贴设计

实训任务 1　制作端午节招贴

一、实训情境

某广告公司的设计师接受了一项设计任务：制作端午节招贴。该任务要求设计师在 90 min 内应用 Illustrator 2021 软件进行平面设计与制作，得到如图 7-1-1 所示的最终效果图。

图 7-1-1　端午节招贴效果图

二、实训分析

要完成本实训任务，应按照图 7-1-2 所示的思维导图复习教材中的知识点。

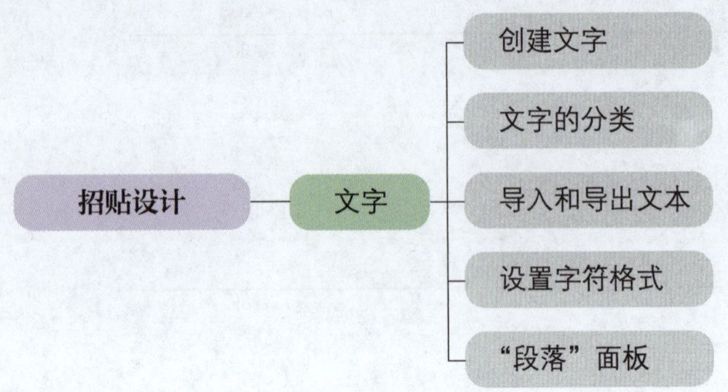

图 7-1-2　教材内容复习思维导图

在完成任务的过程中，应注意掌握文字的创建方法、设置字符格式的方法及文字工具的使用方法和技巧。

三、实训计划制订

根据任务分析，制订完成本任务的实训计划，见表 7-1-1。

表 7-1-1　实训计划

序号	工作内容	所需时间

四、操作步骤提示

参照表 7-1-2 所列的主要操作步骤和操作要点，完成端午节招贴的制作。

表 7-1-2　操作步骤提示

操作步骤	操作要点
绘制背景	绘制一个高度为 297 mm、宽度为 210 mm 的矩形，填充为绿色至深绿色的径向渐变，调整角度
导入粽叶素材	导入素材“粽叶 .ai”文件，复制多个并放置到合适位置 
创建蒙版	使用矩形工具绘制一个高度为 297 mm、宽度为 210 mm 的矩形，选中所有粽叶，执行“创建剪切蒙版”命令，混合模式设为“叠加”，不透明度为 45% 
导入装饰素材	导入素材“龙舟 .ai”“粽子 .ai”“香囊 .ai”文件，缩放调整比例，放置到合适位置 

续表

<table>
<tr><th>操作步骤</th><th>操作要点</th></tr>
<tr><td rowspan="3">导入装饰素材</td><td>使用矩形工具绘制一个宽度为 210 mm、高度为 297 mm 的矩形，填充为淡黄色（C5，M3，Y15，K0）、不透明度为 0% 至淡黄色（C5，M3，Y15，K0）、不透明度为 100% 再至淡黄色（C5，M3，Y15，K0）、不透明度为 0% 的线性渐变，将矩形放置到最上层，混合模式设为“正片叠底”，不透明度为 100%
 </td></tr>
<tr><td>使用矩形工具绘制一个宽度为 210 mm、高度为 297 mm 的矩形，填充为深绿色（C89，M63，Y81，K41）、不透明度为 0% 至深绿色（C89，M63，Y81，K41）、不透明度为 100% 的径向渐变，将矩形放置到最上层，混合模式设为“正片叠底”，不透明度为 49%
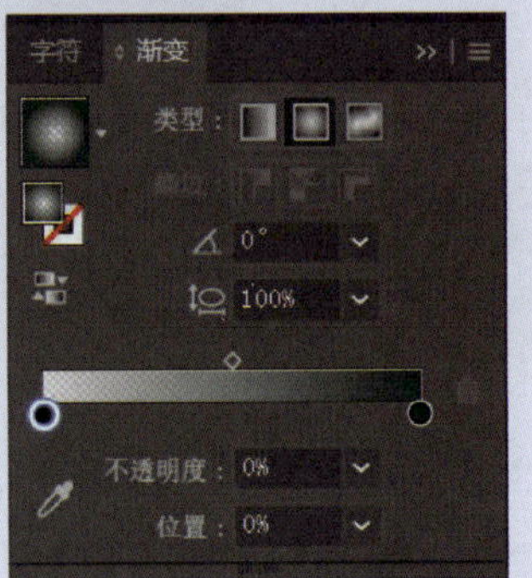
</td></tr>
<tr><td>导入素材“文字 .ai”文件，放置到合适位置</td></tr>
<tr><td rowspan="2">绘制文字</td><td>使用直排文字工具拖出一个文本框，输入文字“中国传统节日”，字体为“思源宋体”，字体样式为“SemiBold”，字体大小为 16 pt，填充为淡黄色，字间距为 580，行距为 19，放置到合适位置</td></tr>
<tr><td>使用直排文字工具拖出一个文本框，输入文字“五月初五是端午，粽叶飘香鼻尖传。”，字体为“思源宋体”，字体样式为“SemiBold”，字体大小为 13 pt，填充为淡黄色，字间距为 360，行距为 24，放置到合适位置

</td></tr>
</table>

续表

操作步骤	操作要点
绘制文字	使用钢笔工具沿粽叶边缘绘制一条路径，使用路径文字工具单击路径，输入文字“CHINESETRADITONAL FESTIVALS”，字体为“Helvetica”，字体样式为“Regular”，字体大小为 10 pt，填充为淡黄色，字间距为 360，行距为 12，放置到合适位置
	使用钢笔工具沿粽子边缘绘制一条路径，使用路径文字工具单击路径，输入文字“浓情端午·粽叶飘香”，字体为“思源宋体”，字体样式为“SemiBold”，字体大小为 9 pt，填充为淡黄色，字间距为 360，行距为 12，放置到合适位置，完成制作

五、实训评价

任务完成后，学生展示作品并分享完成任务过程中的心得体会。展示结束后，从工具使用、软件操作、作品效果、成果展示等方面对该实训任务进行评价，可采用学生自评、学生互评、教师评价相结合的多元评价方式，见表 7–1–3。

表 7–1–3　实训评价

序号	评价要求	学生自评（占比 30%）	学生互评（占比 30%）	教师评价（占比 40%）
1	对实训任务的分析准确到位（20 分）			
2	软件运用熟练、操作得当（20 分）			
3	能熟练使用直排文字工具、路径文字工具（30 分）			
4	最终效果图的版式及构图合理（20 分）			
5	展示及作品解说效果（10 分）			
综合得分				

六、实训拓展

1. 使用 Illustrator 2021 软件完成以二十四节气“立春”为主题的招贴制作，招贴尺寸自定，文案内容自拟。

2. 使用 Illustrator 2021 软件完成以二十四节气“芒种”为主题的招贴制作，招贴尺寸自定，文案内容自拟。

七、知识巩固与提高

1. 文字是平面设计作品中最常用的元素之一。想要在 Illustrator 2021 中添加文字元素，可以通过文字工具组来实现。单击“文字工具”按钮，在弹出的工具组中可以看到（　　）个工具。

A. 5　　B. 7　　C. 6　　D. 4

2.（　　）工具用于制作特殊区域范围内的文字，（　　）工具用于制作沿特定路径排列的文字。

A. 路径文字　　B. 直排文字　　C. 区域文字　　D. 修饰文字

3. 区域文字工具能将所有文字限定在一个矩形文本框内，当文字达到边界时还会自动换行。但如果要开始新的段落，则需要按“（　　）”键。

A. Enter　　B. Shift　　C. Ctrl　　D. Alt

4.“段落”面板中的对齐按钮可进行文本对齐操作，如果要对点文字进行对齐操作，只能进行居中对齐、（　　）、（　　）。

A. 两端对齐，末行居中对齐　　B. 左对齐

C. 右对齐　　D. 全部两端对齐

5. 选择文字工具在页面中单击，设置文字插入点，执行“（　　）”→“文字”→“字形”命令，或执行“文字”→“字形”命令，打开“字形”面板，即可选择需要的字体插入到页面中。

A. 对象　　B. 窗口　　C. 效果　　D. 编辑

实训任务 2　制作元宵节招贴

一、实训情境

某广告公司的设计师接受了一项设计任务：制作元宵节招贴。该任务要求设计师在 90 min 内应用 Illustrator 2021 软件进行平面设计与制作，得到如图 7–2–1 所示的最终效果图。

图 7-2-1　元宵节招贴效果图

二、实训分析

要完成本实训任务，应按照图 7-2-2 所示的思维导图复习教材中的知识点。

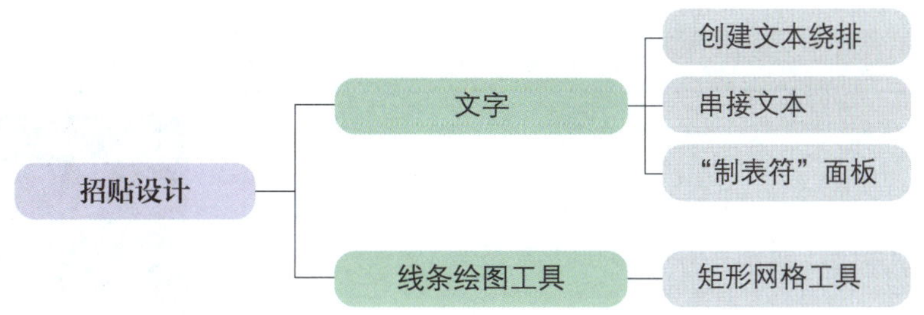

图 7-2-2　教材内容复习思维导图

在完成任务的过程中，应注意掌握创建文本绕排、串接文本的使用方法和技巧。

三、实训计划制订

根据任务分析，制订完成本任务的实训计划，见表 7-2-1。

表 7-2-1　实训计划

序号	工作内容	所需时间

续表

序号	工作内容	所需时间

四、操作步骤提示

参照表 7-2-2 所列的主要操作步骤和操作要点，完成元宵节招贴的制作。

表 7-2-2　操作步骤提示

操作步骤	操作要点
绘制背景	使用矩形工具绘制宽度为 297 mm、高度为 420 mm 的矩形，填充为深红色到红色再到浅红色的线性渐变，调整渐变角度。 导入素材“logo.ai”文件，将 logo 放置在画面左上角
绘制视觉元素	使用椭圆工具绘制六个宽度和高度均为 91 mm 的圆形，排列对齐后使用钢笔工具为中间两个圆形绘制尖角，然后选中圆形与尖角，执行“路径查找器”→“联集”命令，将图形合并，最后在尖角间绘制宽度为 40 mm、高度为 1 mm 的矩形

续表

操作步骤	操作要点
绘制视觉元素	选中中间一栏的图形执行“编组”命令，复制图形，执行“变换”→“缩放”命令，等比缩放至135%，旋转角度
	选中纵向图形进行复制，执行“变换”→“缩放”命令，等比缩放至20%，接着使用直接选择工具将图形中间部分拉长
图形填色	最下层的四个圆形分别填充为暗红色、亮红色到暗红色再到亮红色的横向线性渐变、暗红色到亮红色的纵向线性渐变、亮红色。横向图形填充为金属色，纵向图形上半部分填充为米色到棕色的线性渐变，下半部分填充为粉色。最上层的两个小图形填充为白色
导入装饰素材	将绘制好的所有图形进行组合，导入素材“装饰素材.ai”文件，执行“编组”命令，放置在背景层上方
绘制装饰文字	执行“文件”→“打开”命令，打开素材“文本.docx”文件

续表

操作步骤	操作要点
绘制装饰文字	使用文字工具复制素材“文本.docx”文件中的文字“闹元宵”，字体为“华康楷体”，字体大小为56 pt，填充为暗红色。选中文字，执行“文字”→“文字方向”→“垂直”命令。接着使用矩形工具绘制宽度为24 mm、高度为77 mm的矩形，填充为暗红色，描边粗细为2.5 pt，使用钢笔工具在矩形上方和下方各绘制一条线段 
文字组合	使用文字工具复制文字“吃一碗元宵，盼一年圆满”，字体为“华康楷体”，字体大小为17 pt，填充为暗红色，选中文字执行“文字”→“文字方向”→“垂直”命令，将文字放置在“闹元宵”的右侧 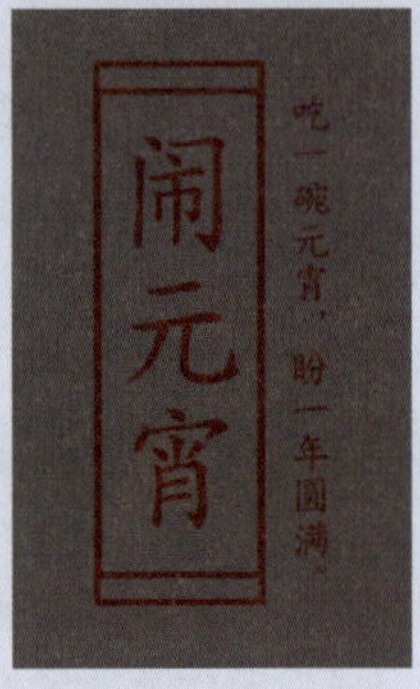
调整文字间距	使用文字工具复制文字“正月十五闹元宵”，字体为“华康楷体”，字体大小为24 pt，填充为金属色，调整文字间距为170
绘制装饰圆环	使用椭圆工具绘制宽度和高度均为11 mm的圆形，填充为金属色，描边粗细为0.75 pt，按住“Alt”键复制圆环 
制作串接文本	使用文字工具拖拽出50 mm×11 mm的文本框，复制素材“文本.docx”文件中剩下的文字，字体为“华康楷体”，字体大小为12 pt，填充为金属色，这时会有文本溢出，文本框右下角会出现红色加号小方块，使用选择工具在红色加号小方块上单击，即可将溢出文本串接到与原文本框相同大小的区域内，以此类推，直至文字完全显示 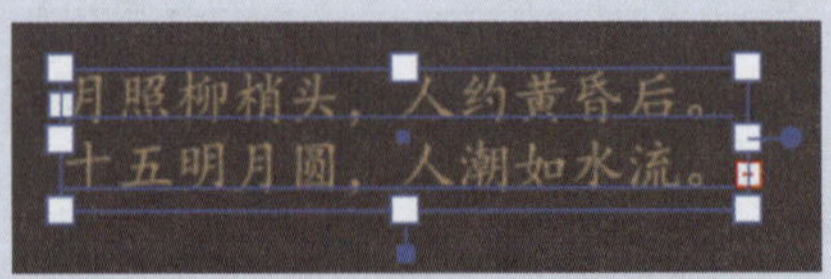 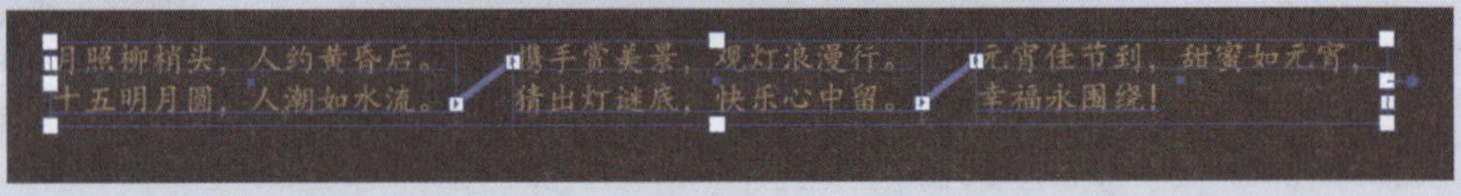

续表

操作步骤	操作要点
设置分栏、绘制装饰线	选中文字，执行“文字”→“区域文字选项”命令，设置列数为 3，使用矩形工具绘制三个宽度为 0.8 mm、高度为 8.5 mm 的矩形，放置在段落中间。将绘制的文字编组，组合放置在画面中 月照柳梢头，人约黄昏后。十五明月圆，人潮如水流。携手赏美景，观灯浪漫行。猜出灯谜底，快乐心中留。元宵佳节到，甜蜜如元宵，幸福永围绕！
创建文本绕排	使用文字工具再复制一次素材“文本.docx”文件中剩下的文字，字体为“华康楷体”，字体大小为 12 pt，填充为金属色。复制圆形云纹，单击图形，执行“对象”→“文本绕排”→“建立”命令，调整至合适的位置，完成制作 月照柳梢头，人约黄昏后。十五明月圆，人潮如水流。携手赏美景，观灯浪漫行。猜出灯谜底，快乐心中留。元宵佳节到，甜蜜如元宵，幸福永围绕！ 闹元宵

五、实训评价

任务完成后，学生展示作品并分享完成任务过程中的心得体会。展示结束后，从工具使用、软件操作、作品效果、成果展示等方面对该实训任务进行评价，可采用学生自评、学生互评、教师评价相结合的多元评价方式，见表 7-2-3。

表 7-2-3　实训评价

序号	评价要求	学生自评（占比 30%）	学生互评（占比 30%）	教师评价（占比 40%）
1	对实训任务的分析准确到位（20 分）			
2	软件运用熟练、操作得当（20 分）			
3	能熟练运用文本绕排、掌握串接文本的方法（30 分）			
4	最终效果图的版式及构图合理（20 分）			
5	展示及作品解说效果（10 分）			
综合得分				

六、实训拓展

1. 使用 Illustrator 2021 软件完成以“春节”为主题的招贴制作，招贴尺寸自定，文案内容自拟。

2. 使用 Illustrator 2021 软件完成以“劳动节”为主题的招贴制作，招贴尺寸自定，文案内容自拟。

七、知识巩固与提高

1. 文字工具与直排文字工具使用方法相同，区别在于直排文字工具输入的文字是由（　　）垂直排列。

A. 右向左　　B. 左向右　　C. 上到下　　D. 下到上

2. 执行“（　　）”→“文本绕排”→“建立”命令，在弹出的窗口中单击“确定”按钮，即可实现文本绕排。

A. 编辑　　B. 文件　　C. 对象　　D. 视图

3. 执行“文字”→“创建轮廓”命令，或使用组合键“（　　）”，即可将文字对象转换为图形对象。

A. Ctrl+Shift+B　　B. Ctrl+Shift+C

C. Ctrl+Shift+O　　D. Ctrl+Shift+F

4. 对于已经串接好的两个区域文本，如果想将一个文本框中的文字清空，可以用选择工具选取该文本对象，执行“文字”→“串接文本”→“（　　）”命令，文字将排到下一个对象中。

A. 移去串接文字　　B. 释放所选文字

C. 删除串接文本　　D. 释放串接文字

5. 在“制表符”面板中，单击一个制表符对齐按钮，可指定如何相对于制表符位置来对齐文本，其对齐方式包括（　　）。

A. 左对齐制表符　　B. 居中对齐制表符

C. 右对齐制表符　　D. 小数点对齐制表符

实训任务 3　制作中秋节招贴

一、实训情境

某广告公司的设计师接受了一项设计任务：制作中秋节招贴。该任务要求设计师在 90 min 内应用 Illustrator 2021 软件进行平面设计与制作，得到如图 7-3-1 所示的最终效果图。

图 7-3-1　中秋节招贴效果图

二、实训分析

要完成本实训任务，应按照图 7-3-2 所示的思维导图复习教材中的知识点。

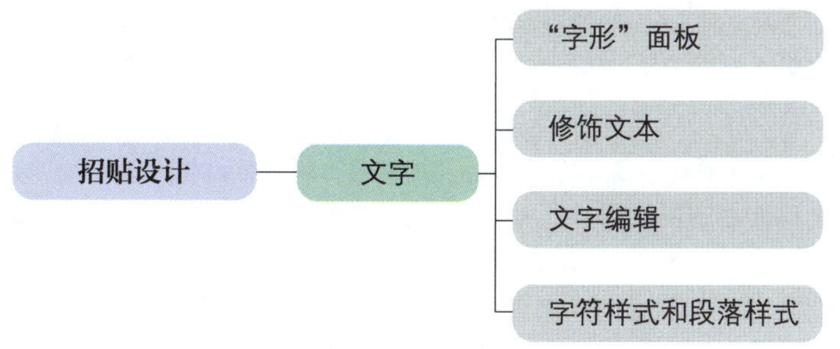

图 7-3-2　教材内容复习思维导图

在完成任务的过程中，应注意掌握“字形”面板、图形样式的使用方法和技巧。

三、实训计划制订

根据任务分析，制订完成本任务的实训计划，见表 7-3-1。

表 7-3-1　实训计划

序号	工作内容	所需时间

四、操作步骤提示

参照表 7-3-2 所列的主要操作步骤和操作要点，完成中秋节招贴的制作。

表 7-3-2　操作步骤提示

操作步骤	操作要点
绘制背景	绘制一个宽度为 210 mm、高度为 297 mm 的矩形，填充为黄色到浅黄色再到橘红色的线性渐变
添加文字	绘制一个宽度和高度均为 27 mm 的圆形，填充为褐色，接着在上方绘制一个宽度和高度均为 23 mm 的圆形，填充为黄色，完成后复制三个。使用文字工具输入文字“阖家团圆”，字体为“江西拙楷”，字体大小为 48 pt，字间距为 2120。使用矩形工具绘制一个宽度为 200 mm、高度为 20 mm 的矩形，填充为淡紫色到深紫色的线性渐变，设置渐变滑块的位置从左到右依次为 0%、100%，完成后调整图层顺序，将其放置到文字后方，选中文字和渐变矩形，单击鼠标右键执行“建立剪切蒙版”命令
导入月饼素材	导入素材“月饼 .ai”文件，放置到合适位置

续表

操作步骤	操作要点
绘制主题	使用文字工具输入文字“月满中秋”，字体为“思源宋体 Heavy”，字体大小为 165 pt，无填充色，描边粗细为 2 pt，描边色为白色，对“月满中秋”执行“对象”→“扩展”→“取消编组”命令，调整单个文字的大小、位置及图层顺序 
绘制左侧装饰文字	使用直排文字工具输入文字“限时推出”，字体为“思源宋体 SemiBold”，填充为白色，字体大小为 28 pt。使用直排文字工具输入文字“鼎泰祥限时推出蛋黄豆沙月饼”，字体为“思源宋体 SemiBold”，填充为白色，字体大小为 9 pt。执行“文字”→“字形”命令，打开“字形”面板，双击“「”插入，调整方向，修改为白色。绘制一条无描边色、描边粗细为 1 pt 的白色直线段，直线段长为 6 mm 
绘制右侧装饰文字	使用直排文字工具输入文字“新品尝鲜”，字体为“思源宋体 SemiBold”，填充为白色，字体大小为 28 pt。使用直排文字工具输入“鼎泰祥限时推出红豆沙月饼”，字体为“思源宋体 SemiBold”，填充为白色（C0，M0，Y0，K5），字体大小为 9 pt。执行“文字”→“字形”命令，打开“字形”面板，双击“「”插入，调整方向，修改为白色。绘制一条无描边色、描边粗细为 1 pt 的白色直线段，直线段长为 6 mm 
绘制装饰素材	使用钢笔工具在下方绘制树枝，填充为白色。使用直线段工具绘制颜色为白色、长度为 178 mm 的直线段
添加样式	使用文字工具输入文字“中秋赏月吃月饼”“要吃就吃鼎泰祥”，字体为“思源宋体 Bold”，填充为白色，字体大小为 29 pt，执行“窗口”→“图形样式”→“照亮样式”命令。接着输入文字“IF YOU WANT TO EAT，EAT DING TAIXIANG”，字体为“思源宋体 Bold”，填充为白色，字体大小为 12 pt。导入素材“logo.ai”文件，调整大小和位置 

续表

操作步骤	操作要点
制作效果	将刚刚完成的中英文文字与 logo 分别复制一层，填充为深黄色，调整图层顺序，执行“效果”→“模糊”→“高斯模糊”命令，完成制作

五、实训评价

任务完成后，学生展示作品并分享完成任务过程中的心得体会。展示结束后，从工具使用、软件操作、作品效果、成果展示等方面对该实训任务进行评价，可采用学生自评、学生互评、教师评价相结合的多元评价方式，见表 7–3–3。

表 7–3–3　实训评价

序号	评价要求	学生自评（占比 30%）	学生互评（占比 30%）	教师评价（占比 40%）
1	对实训任务的分析准确到位（20 分）			
2	软件运用熟练、操作得当（20 分）			
3	能熟练使用“字形”面板、图形样式（30 分）			
4	最终效果图的版式及构图合理（20 分）			
5	展示及作品解说效果（10 分）			
综合得分				

六、实训拓展

1. 使用 Illustrator 2021 软件完成以“维护网络安全”为主题的招贴制作，招贴尺寸自定，文案内容自拟。

2. 使用 Illustrator 2021 软件完成以“厉行节约，反对浪费”为主题的招贴制作，招贴尺寸自定，文案内容自拟。

七、知识巩固与提高

1. 执行“窗口”→“文字”→“字符”命令或按“(　　)”组合键，可打开“字符”面板。

A. Ctrl+A　　B. Ctrl+T　　C. Ctrl+C　　D. Ctrl+D

2. 修饰文本可以通过执行“窗口”→“(　　)”命令来实现。

A. 图形样式　　B. 图案选项　　C. 外观　　D. 属性

3. 将文字转换为轮廓文字，可执行“文字”→“创建轮廓”命令，或使用“(　　)”组合键。

A. Ctrl+Shift+B　　B. Ctrl+Shift+O

C. Ctrl+Alt+B　　D. Ctrl+Alt+O

4. 执行“(　　)”→“文字方向”→“垂直”命令，可将横排文字的方向改为直排。

A. 对象　　B. 选择　　C. 文字　　D. 变换

5. 执行“窗口”→“(　　)”→“段落样式”命令，可以新建一个段落样式。

A. 对齐　　B. 外观　　C. 文字　　D. 属性

项目八
信息设计

实训任务 1　制作中秋节信息化海报

一、实训情境

某广告公司的设计师接受了一项设计任务：制作中秋节信息化海报。该任务要求设计师在 90 min 内应用 Illustrator 2021 软件进行平面设计与制作，得到如图 8-1-1 所示的最终效果图。

图 8-1-1　中秋节信息化海报效果图

二、实训分析

要完成本实训任务，应按照图 8-1-2 所示的思维导图复习教材中的知识点。

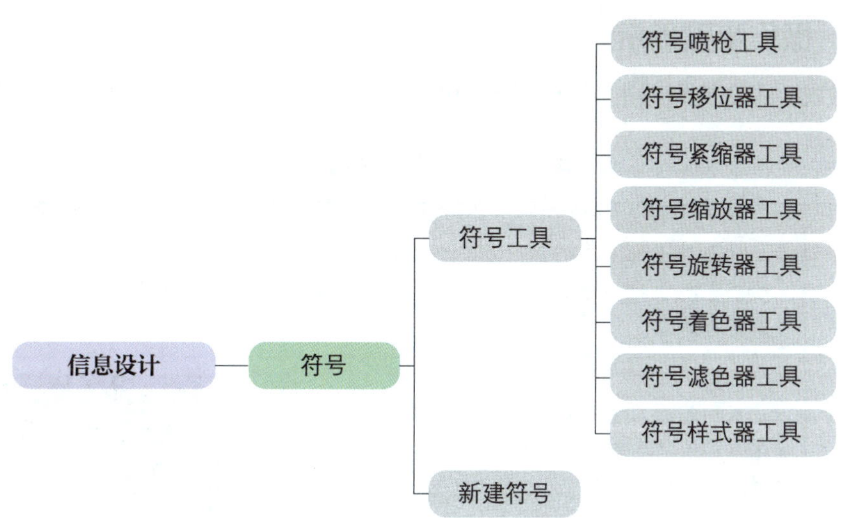

图 8-1-2 教材内容复习思维导图

为完成本实训任务，需使用符号喷枪工具、符号旋转器工具、符号位移器工具等进行招贴制作。在完成任务的过程中，应注意掌握新建符号的方法以及符号工具组中各种符号工具的使用方法和技巧。

三、实训计划制订

根据任务分析，制订完成本任务的实训计划，见表 8-1-1。

表 8-1-1 实训计划

序号	工作内容	所需时间

四、操作步骤提示

参照表 8–1–2 所列的主要操作步骤和操作要点，完成中秋节信息化海报的制作。

表 8–1–2 操作步骤提示

操作步骤	操作要点
绘制背景	绘制宽度为 410 mm、高度为 580 mm 的矩形，填充为青色到青黄色的线性渐变，调整渐变角度
绘制树叶	使用钢笔工具绘制树叶，打开“符号”面板将绘制的图形拖入“符号”面板中。选中新建的符号使用符号喷枪工具在页面中拖动鼠标喷出图形
	使用符号旋转器工具、符号位移器工具，调整树叶的位置与方向
	使用符号缩放器工具调整树叶大小，将透明度调整为 15%
绘制桌面	使用椭圆工具绘制宽度为 550 mm、高度为 190 mm 的椭圆形；使用矩形工具绘制宽度为 410 mm、高度为 200 mm 的矩形，打开“路径查找器”面板，将椭圆形与矩形合并。填充为深棕色到棕色的线性渐变，调整渐变角度。 绘制宽度为 500 mm、高度为 1.8 mm 的矩形，选中矩形，按住“Alt+Shift”组合键向下拖动 12 mm，连续单击“Ctrl+D”组合键复制矩形 40 次，选中复制的矩形进行编组，将不透明度设为 15%。选中编组的矩形，双击“旋转工具”，角度设为 20°，单击“确定”完成旋转

续表

<table>
<tr><th>操作步骤</th><th>操作要点</th></tr>
<tr><td>绘制桌面</td><td>复制棕色图形，选中编组矩形，向上原地粘贴。
按住“Shift”键的同时选中编组与复制后的棕色图形，单击鼠标右键执行“建立剪切蒙版”命令 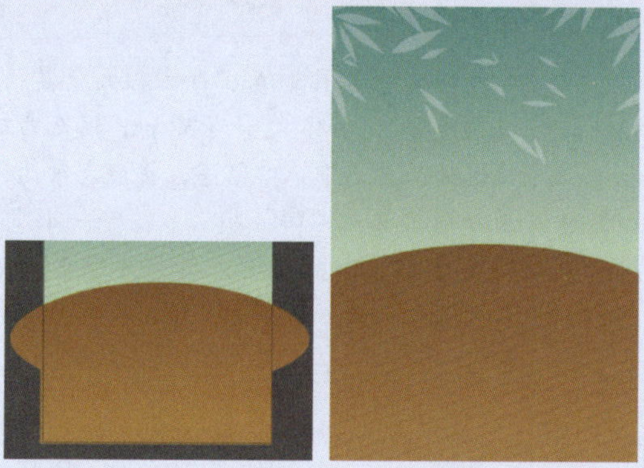</td></tr>
<tr><td>导入图文素材</td><td>打开素材“标题与月饼 .ai”文件，复制粘贴到当前文档中</td></tr>
<tr><td rowspan="3">绘制说明文案</td><td>在月饼上方，使用钢笔工具绘制三条路径，描边粗细为 2 pt。使用椭圆工具绘制宽度和高度均为 5.5 mm 的圆形，填充为浅黄色，放置在路径底端 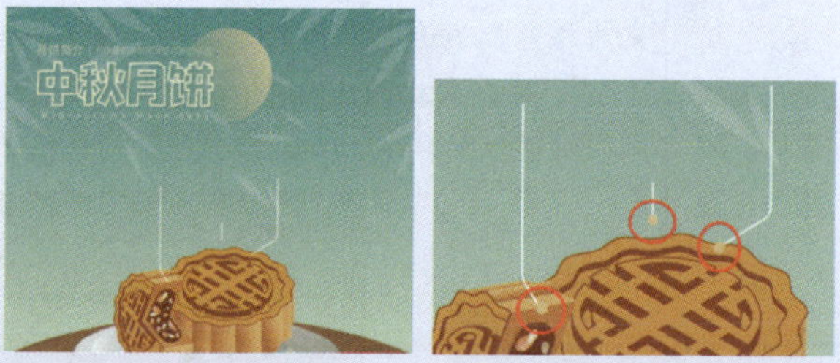</td></tr>
<tr><td>使用圆角矩形工具绘制宽度为 64 mm、高度为 31 mm 的圆角矩形，圆角半径为 5 mm，填充为白色，将不透明度调整为 80%。选中圆角矩形，按住“Alt”键拖动复制三份 </td></tr>
<tr><td>使用文字工具输入文字“馅料制作”，字体为“思源黑体 Medium”，字体大小为 18 pt，填充为橙色。输入文字“根据不同的月饼种类和口味，馅料有所差异。主要有：坚果馅、豆沙馅、莲蓉馅、枣泥馅等。”，设置为左对齐，字体为“思源黑体 Normal”，字体大小为 10.5 pt，填充为绿色，不透明度为 70%。使用相同方法制作另外两个说明文案 </td></tr>
<tr><td>导入素材</td><td>打开素材“文案 0.ai”文件，复制粘贴到当前文档中</td></tr>
</table>

续表

操作步骤	操作要点
添加标题	使用文字工具输入“月饼四大分类”，字体为“站酷快乐体”，字体大小为 32 pt，填充为绿色。使用直接选择工具选中“四”字，将颜色改为浅绿色，再使用矩形工具在“四”字上方绘制一个宽度为 14 mm、高度为 12 mm 的矩形，填充为绿色，将矩形后移一层放置在“四”字下方。使用同样方向制作另外三个标题
导入文案素材、制作小标题	执行“文件”→“打开”命令，打开素材“文案.ai”文件，复制粘贴到当前文档中
	使用文字工具输入“制作过程”，字体为“站酷快乐体”，字体大小为 32 pt，填充为黄色，不透明度为 80%，执行“文字”→“文字方向”→“垂直”命令。按“Ctrl+C”组合键复制文字，再按“Ctrl+B”组合键原位向下粘贴，将原位复制的文字颜色填充为棕色，不透明度为 80%。再使用文字工具输入“中国传统”，字体为“思源黑体 Bold”，字体大小为 13 pt，填充为棕色，不透明度为 50%。使用直线段工具，在文字之间绘制一条长为 11 mm 的直线段，描边色为棕色，不透明度为 50%，完成制作

五、实训评价

任务完成后，学生展示作品并分享完成任务过程中的心得体会。展示结束后，从工具使用、软件操作、作品效果、成果展示等方面对该实训任务进行评价，可采用学生自评、学生互评、教师评价相结合的多元评价方式，见表 8-1-3。

表 8-1-3　实训评价

序号	评价要求	学生自评（占比 30%）	学生互评（占比 30%）	教师评价（占比 40%）
1	对实训任务的分析准确到位（20 分）			
2	软件运用熟练、操作得当（20 分）			
3	能熟练使用各种符号工具（30 分）			

续表

序号	评价要求	学生自评（占比 30%）	学生互评（占比 30%）	教师评价（占比 40%）
4	最终效果图的版式及构图合理（20 分）			
5	展示及作品解说效果（10 分）			
综合得分				

六、实训拓展

1. 使用 Illustrator 2021 软件完成“京剧”信息化海报的制作，海报尺寸自定，文案内容自拟。

2. 使用 Illustrator 2021 软件完成“中国非遗——风筝”信息化海报的制作，海报尺寸自定，文案内容自拟。

七、知识巩固与提高

1. 执行“窗口”→“符号”命令，或使用组合键“(　　)”，可以打开“符号”面板。

A. Ctrl+Shift+F11　　B. Ctrl+Shift+F5

C. Ctrl+Shift+F2　　D. Ctrl+Shift+F8

2. 工具箱中的符号工具组提供了（　　）种符号工具，利用这些工具可以将符号置入到文档中。

A. 6　　B. 7　　C. 8　　D. 5

3.（　　）工具能够在短时间内快速向文档中置入大量符号。

A. 符号样式器工具　　B. 符号喷枪工具

C. 符号移位器工具　　D. 符号紧缩器工具

4. 使用符号移位器工具可以更改符号的堆叠顺序，按住“(　　)”组合键并单击符号实例，可以将符号向后排列。

A. Ctrl+Alt+Shift　　B. Ctrl+Shift

C. Ctrl+Alt　　D. Alt+Shift

5. 选择符号滤色器工具，在符号上单击或按住鼠标左键拖动，可以（　　）符号的透明度；如果按住“Alt”键单击或者拖动鼠标，可以（　　）符号的透明度。

A. 减少　　B. 删除　　C. 编辑　　D. 增加

实训任务 2　制作中秋节内页

一、实训情境

某广告公司的设计师接受了一项设计任务：制作中秋节内页。该任务要求设计师在 90 min 内应用 Illustrator 2021 软件进行平面设计与制作，得到如图 8-2-1 所示的最终效果图。

图 8-2-1　中秋节内页效果图

二、实训分析

要完成本实训任务，应按照图 8-2-2 所示的思维导图复习教材中的知识点。

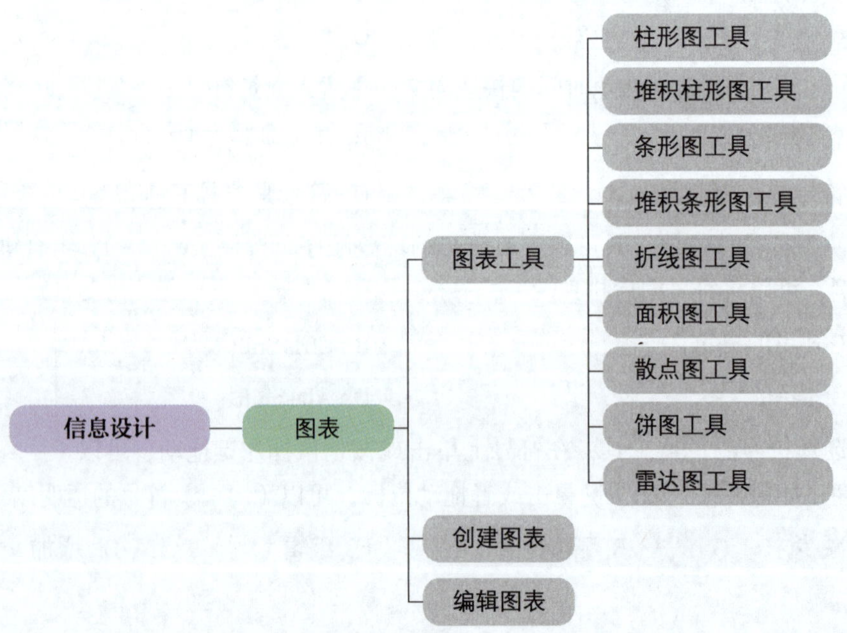

图 8-2-2　教材内容复习思维导图

在完成任务的过程中，应注意掌握图表工具的使用方法和技巧，提升编辑图表的能力。

三、实训计划制订

根据任务分析，制订完成本任务的实训计划，见表 8-2-1。

表 8-2-1　实训计划

序号	工作内容	所需时间

四、操作步骤提示

参照表 8-2-2 所列的主要操作步骤和操作要点，完成中秋节内页的制作。

表 8-2-2　操作步骤提示

操作步骤	操作要点
绘制背景	设置文档宽度为 420 mm，高度为 297 mm，方向为横向。使用矩形工具绘制宽度为 420 mm、高度为 297 mm 的矩形，填充为蓝色到白色的线性渐变，无描边

续表

操作步骤	操作要点
导入素材	打开素材“底纹.ai”文件，复制粘贴到当前文档中。选中底纹素材，分别执行“垂直居中对齐”和“水平居中对齐”命令
制作大标题	使用文字工具输入“中秋月饼”四个字，字体为“站酷快乐体”，字体大小为 100 pt，填充为米黄色。选中文字按住“Alt”键，将文字向右下角拖动至合适位置，将刚复制的文字颜色改为无填充颜色，描边色为绿色，将复制的文字后移一层 中秋月饼
	使用文字工具输入“月饼简介”，字体为“思源黑体 Medium”，字体大小为 24 pt，填充为米黄色。使用同上的方法复制文字，填充为绿色，将复制的文字后移一层。再使用文字工具输入“月饼最初是用来拜祭月神的供品”，字体大小为 17 pt，输入“Mid-autumn Moon cake”，字体大小为 16 pt，字间距调整为 520，填充为米黄色，不透明度为 50%。使用直线段工具将“月饼简介”和“月饼最初是用来拜祭月神的供品”分割开，填充为白色，描边粗细为 1 pt，不透明度为 50%。将制作好的文字全部选中，进行编组，放置在合适的位置 月饼简介 中秋月饼
制作小标题	使用文字工具输入“市场规模”，字体为“站酷快乐体”，在“规”字前后分别输入一个空格，字体大小为 26 pt，填充为绿色。使用直接选择工具选中“规”字，将颜色改为米黄色，再使用矩形工具在“规”字上方绘制一个宽度和高度均为 10 mm 的正方形，填充为绿色，将正方形后移一层放置在“规”字下方。打开素材“小图标.ai”文件，将小图标放置在对应小标题的前方 市场 规 模 市场 规 模
制作内文	使用文字工具拖动鼠标设置一个适当大小的文本框，打开素材“文案.docx”文件，复制第一段内文，粘贴至文本框中，字体为“思源黑体 Light”，字体大小为 9 pt，段落样式为“两端对齐，末行左对齐”，避头尾集为“严格”，标点挤压集为“日本标点符号转换规则－半角”，两个字符间的字距微调为“视觉”，填充为灰色 市场 规 模 在南京的真知味酒店、夜上海餐厅、云几等连锁餐饮店都推出了月饼礼盒，标价均不超过 500 元，但存在混装现象。但存在混装现象。夜上海餐厅标价 499 元的礼盒包含月饼 10 枚、橄榄油 1 瓶。记者询问了酒店、餐饮店的相关销售人员，大部分表示听说过月饼礼盒不能过度包装、杜绝浪费的规定，但对所要求的具体内容并不了解。

续表

操作步骤	操作要点
制作内文	使用同样的方法分别输入其他标题和内文，再分别将“甜咸争论”和“月饼花纹”内文中的每段开头文字的颜色改为绿色
制作图表	使用柱形图工具，在页面中单击鼠标左键，在弹出的“图表”对话框中设置宽度为 80 mm、高度为 50 mm，在第一行第二列中输入“中秋月饼礼盒销售规模”，第三列中输入“同比增长率”，以此类推输入图中其他数据，单击“应用”
	使用矩形工具绘制六个如右图所示的矩形，分别填充为绿色和米黄色，无描边
导入素材	打开素材“图表 .ai”文件，将其他图表放置在对应的位置
	打开素材“图案 .ai”文件，将图案放置在对应的位置。打开素材“文案 .docx”文件，复制出月饼花纹的文案，花纹的名字设置字体为“思源黑体 Bold”，字体大小为 13 pt，填充为绿色，内容设置字体为“思源黑体 Light”，字体大小为 9 pt，填充为灰色，完成制作

五、实训评价

任务完成后，学生展示作品并分享完成任务过程中的心得体会。展示结束后，从工具使用、软件操作、作品效果、成果展示等方面对该实训任务进行评价，可采用学生自评、学生互评、教师评价相结合的多元评价方式，见表 8-2-3。

表 8-2-3 实训评价

序号	评价要求	学生自评（占比 30%）	学生互评（占比 30%）	教师评价（占比 40%）
1	对实训任务的分析准确到位（20 分）			
2	软件运用熟练、操作得当（20 分）			
3	能熟练使用图表工具（30 分）			
4	最终效果图的版式及构图合理（20 分）			
5	展示及作品解说效果（10 分）			
综合得分				

六、实训拓展

1. 使用 Illustrator 2021 软件完成以“腊八节”为主题的内页制作，内页尺寸自定，文案内容自拟。

2. 使用 Illustrator 2021 软件完成以“青花瓷”为主题的内页制作，内页尺寸自定，文案内容自拟。

七、知识巩固与提高

1. 图表是一种非常直观的数据展示方式，Illustrator 2021 的工具箱中包含（　　）种类型的图表工具。

A. 8　　B. 7　　C. 9　　D. 6

2. 堆积条形图工具创建的图表与堆积柱形图的区别在于方向，堆积条形图是（　　）的，堆积柱形图是（　　）的。

A. 纵向　　B. 横向　　C. 曲折　　D. 平滑

3. 转换图表类型，可以执行“（　　）”→“图表”→“类型”命令，在弹出的“图表类型”对话框中设置。

A. 编辑　　B. 效果　　C. 窗口　　D. 对象

4. 除（　　）外，可以组合使用任何类型的图表。

A. 柱形图　　B. 折线图　　C. 散点图　　D. 饼图

5. 下列关于图表工具的描述不正确的是（　　）。

A. 选中任何一个图表工具，在页面上按住鼠标左键并拖动就会弹出“输入数据”对话框

B. 图表工具不能输入或拷贝其他软件的数据

C. 可以自己进行图表的设计

D. 图表中的数据可以随时修改

实训任务 3　制作中秋节详情页

一、实训情境

某广告公司的设计师接受了一项设计任务：制作中秋节详情页。该任务要求设计师在 90 min 内应用 Illustrator 2021 软件进行平面设计与制作，得到如图 8-3-1 所示的最终效果图。

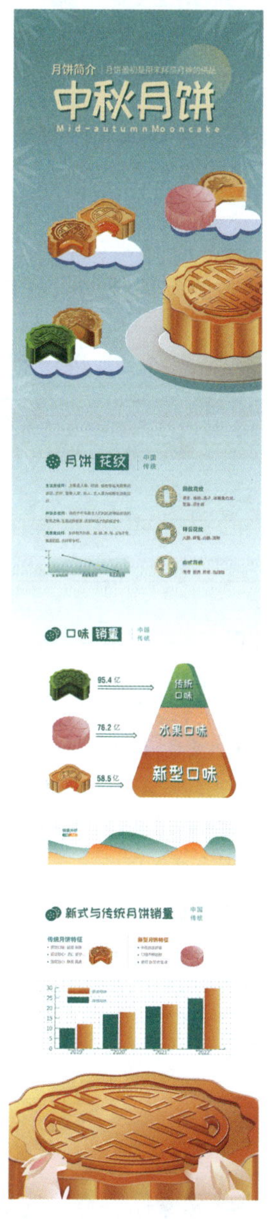

图 8-3-1　中秋节详情页效果图

二、实训分析

要完成本实训任务，应按照图 8-3-2 所示的思维导图复习教材中的知识点。

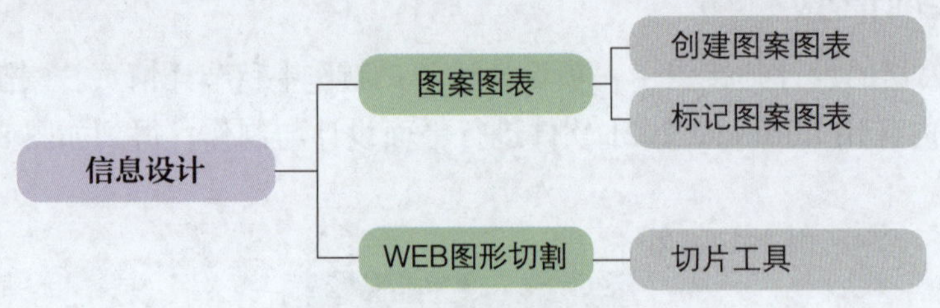

图 8-3-2　教材内容思维导图

在完成任务的过程中，应注意掌握图表工具的应用技巧、学会设计图表以及为图表添加“3D”效果。

三、实训计划制订

根据任务分析，制订完成本任务的实训计划，见表 8-3-1。

表 8-3-1　实训计划

序号	工作内容	所需时间

四、操作步骤提示

参照表 8-3-2 所列主要操作步骤和操作要点，完成中秋节详情页的制作。

表 8-3-2　操作步骤提示

操作步骤	操作要点
制作背景	绘制宽度为 295 mm、高度为 770 mm 的矩形。选择绘制好的矩形，在“对齐”面板底部将“对齐所选对象”更换为“对齐画板”，然后分别单击“水平居中对齐”“顶对齐”按钮。打开“渐变”面板，填充为青色到白色的线性渐变
导入树叶素材	打开素材“树叶 .ai”文件，复制粘贴到当前文档中
制作标题文字	使用文字工具输入文字“中秋月饼”，字体为“站酷快乐体”，字体大小为 155 pt，字间距为 −140，填充为黄色。选中文字按“Ctrl+C”组合键复制、按“Ctrl+B”组合键向下粘贴，将复制出的文字向右下方移动，填充为深绿色
	输入文字“月饼简介”，字体为“思源黑体 Bold”，字体大小为 40 pt，填充为黄色，字间距为 −140。选中文字按“Ctrl+C”组合键复制、按“Ctrl+B”组合键向下粘贴，将复制出的文字向右下方移动，填充为深绿色。输入文字“月饼最初是用来拜祭月神的供品”，字体为“思源黑体 Light”，填充为黄色，字体大小为 28 pt，调整位置。绘制一条长为 11 mm 的直线段，描边色为白色，描边粗细为 1.5 pt，不透明度为 50%，放置在合适位置。选中所有文字，按“Ctrl+G”组合键进行编组
	绘制月亮，使用椭圆工具绘制一个宽度和高度均为 70 mm 的圆形，设置不透明度为 50%，混合模式为“叠加”，填充为不透明度为 100% 的黄色到不透明度为 0% 的黄色的线性渐变
放置图文、绘制云朵	打开素材“月饼 0.ai”文件，复制粘贴到当前文档中
	使用椭圆工具绘制多个椭圆，选中椭圆，执行“路径查找器”→“合并”命令，填充为白色，无描边。复制合并后的图形，将复制出的图形向下移动，填充为深绿色

续表

操作步骤	操作要点
放置图文、绘制云朵	使用矩形工具绘制灰蓝色的矩形。复制绘制好的云朵放置在矩形上方，选中两个图形执行“创建剪切蒙版”命令，放置在合适位置
	复制绘制好的云朵，放置在合适位置
制作折线图表	打开素材“文本 .ai”文件，复制粘贴到当前文档中
	使用折线图工具，制作宽度为 95 mm、高度为 25.5 mm 的图表，在弹出的“图表数据输入”对话框中依次输入数据“54、43、32”。将图表线条颜色与文字颜色都修改为青色
	使用矩形工具，绘制宽度为 95 mm、高度为 25.5 mm 的矩形，填充为不透明度为 100% 的青色到不透明度为 0% 的青色的线性渐变。最后将矩形的不透明度修改为 30%
制作文字效果	使用文字工具输入文字“口味销量”，在“销量”前输入一个空格，字体为“站酷快乐体”，字体大小为 42 pt，填充为青色。使用直接选择工具选中“销量”，将颜色改为白色。使用矩形工具在“销量”上方绘制一个宽度为 35 mm、高度为 16 mm 的矩形，填充为绿色，将矩形后移一层放置在“销量”下方。使用文字工具输入文字“中国传统”，字体为“思源黑体 Bold”，字体大小为 24 pt，填充为青色，不透明度为 50%。使用直线段工具，在两组文字之间绘制一条长为 16 mm 的竖线，描边色为青色，不透明度为 50%。 打开素材“小图标 .ai”文件，将小图标放置在对应小标题的前方
	打开素材“月饼 .ai”文件，将月饼放置在对应的位置上

续表

操作步骤	操作要点
制作三角形图表	使用星形工具绘制一个半径 1 为 100 mm、半径 2 为 50 mm、角点数为 3 的三角形，使用直接选择工具在控制栏设置三角形的边角半径为 12 mm。再使用选择工具改变三角形的宽度 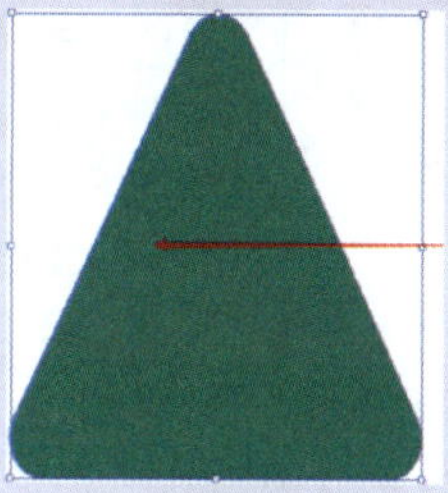
	使用直线段工具，在三角形上绘制两条直线，选中直线与三角形，执行“路径查找器”→“分割”命令，将三角形分割成三部分，从上至下依次填充为从黄绿色到绿色、粉黄色到浅粉色、橙色到黄色的线性渐变。使用文字工具输入对应文字，字体为“站酷快乐体”，填充为白色，再将文字向下复制一层，填充为绿色 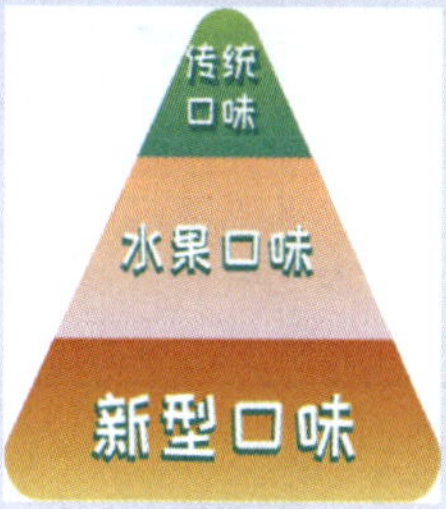
	执行“效果”–“3D”–“凸出和斜角”命令，设置绕 Y 轴旋转为 17°。执行“对象”→“扩展外观”命令，选中侧面的图形，使用吸管工具，吸取图形中相应的颜色作为厚度 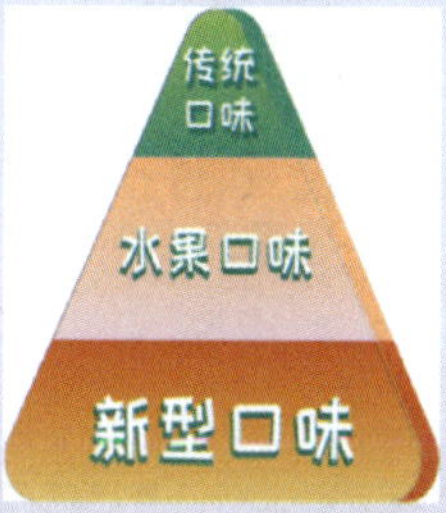
文字排版	打开素材“图表.ai”文件，将图表放置在合适的位置
	使用同样的方法绘制第四个标题。执行“文件”→“打开”命令，打开素材“月饼 2.ai”文件，将月饼素材放置在合适的位置。打开素材“文案.docx”文件，复制对应的文案文字，字体为“思源黑体”，字体大小分别为 20 pt、13 pt，文字分别填充为绿色、橙色和 70% 的黑。使用椭圆工具绘制六个宽度和高度均为 1.5 mm 的圆形，将圆形放置在合适的位置 
制作柱形图表	使用柱形图工具制作宽度为 200 mm、高度为 70 mm 的图表，柱形图数据如右图所示 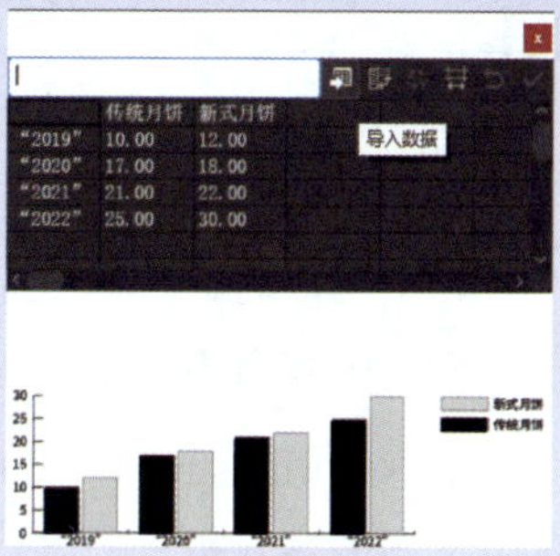

续表

操作步骤	操作要点
制作柱形图表	使用直接选择工具，将“新式月饼”和“传统月饼”移动到左侧，将图表的线条填充为青色，柱形分别填充为青色和橙色到浅黄色的线性渐变。打开素材“波点.ai”文件，放置在图表的下方
	打开素材“月饼 3.ai”文件，放置在详情页的最下方，完成制作

五、实训评价

任务完成后，学生展示作品并分享完成任务过程中的心得体会。展示结束后，从工具使用、软件操作、作品效果、成果展示等方面对该实训任务进行评价，可采用学生自评、学生互评、教师评价相结合的多元评价方式，见表 8–3–3。

表 8–3–3　实训评价

序号	评价要求	学生自评（占比 30%）	学生互评（占比 30%）	教师评价（占比 40%）
1	对实训任务的分析准确到位（20 分）			
2	软件运用熟练、操作得当（20 分）			
3	能熟练使用文字工具、图表工具（30 分）			
4	最终效果图的版式及构图合理（20 分）			
5	展示及作品解说效果（10 分）			
综合得分				

六、实训拓展

1. 使用 Illustrator 2021 软件完成以“饺子”为主题的详情页制作，详情页尺寸自定，文案内容自拟。

2. 使用 Illustrator 2021 软件完成以“舞龙”为主题的详情页制作，详情页尺寸自定，文案内容自拟。

七、知识巩固与提高

1. 若想要在折线图的每个数据点上置入正方形标记，可以双击“折线图工具”，在弹出的“图表类型”对话框中勾选“(　　)”即可。

A. 标记数据点　　B. 连接数据点

C. 线段边到边跨 X 轴　　D. 绘制填充线

2. 以下关于绘制图表的描述正确的是（　　）。

A. 图表一旦绘制完毕，就无法对其尺寸和类型进行更改

B. 图表数据格式与图表类型无关

C. 图表绘制完毕，可以继续修改其数据

D. 图表是一个整体，无法对其各部分或细节进行单独修改

3. 在 Illustrator 2021 中想要在图表上添加一些图形作为标记，可以选择图形对象，执行“对象”→“图表”→“(　　)”命令。

A. 类型　　B. 标记　　C. 数据　　D. 设计

4. 在默认情况下，柱形图是由一个个矩形构成的，选中图表，执行“对象”→“图表”→“柱形图”命令，在“选取列设计”选项中选择“新建设计”，在“列类型”下拉列表框中选择“(　　)”，可使用自定义图案表现图表。

A. 垂直缩放　　B. 一致缩放　　C. 重复堆叠　　D. 局部缩放

5. 标记代表图表中数据点的位置，默认情况下标记为正方形，通过设计能够重新更改标记图形。在 Illustrator 2021 中，（　　）可以更换标记类型。

A. 折线图　　B. 散点图　　C. 雷达图　　D. 条形图